Über Kathodenstrahlen

Nobel-Vortrag

gehalten in
öffentlicher Sitzung der Königl. Schwedischen
Akademie der Wissenschaften zu Stockholm

von

P. Lenard

Zweite, durch viele Zusätze vermehrte Auflage
mit 11 Abbildungen

Berlin und Leipzig 1920
Vereinigung wissenschaftlicher Verleger
Walter de Gruyter & Co.
vormals G. J. Göschen'sche Verlagshandlung :: J. Guttentag, Verlagsbuchhandlung :: Georg Reimer :: Karl J. Trübner :: Veit & Comp.

Druck von Metzger & Wittig in Leipzig.

Inhaltsverzeichnis.

Vorbemerkung zur neuen Herausgabe.

Daß der vorliegende Vortrag nun, 14 Jahre nachdem er gehalten wurde, noch nachgefragt wird, so daß Gelegenheit ist, ihn neu erscheinen zu lassen, hängt wohl unzweifelhaft mit der Langsamkeit zusammen, mit welcher klare und aufs einfachste der Wirklichkeit angepaßte Vorstellungen auf dem hier behandelten Gebiet sich eingebürgert haben oder vielmehr erst noch im Einbürgern begriffen sind, — vielleicht auch mit nachträglichem Erwachen von erhöhtem Interesse an dem Zustandekommen der hierhergehörigen Kenntnis, nachdem sie inzwischen immer weiter an Umfang und dadurch auch an allgemeiner und an praktischer Bedeutung zugenommen hat. Die Auffindung der Röntgenschen oder Hochfrequenzstrahlen, die Entdeckung der Radioaktivität, die immer noch lebhaft weiter sich entwickelnde Kenntnis über den Aufbau der Atome sind alles Weiterentwicklungen unseres Gegenstandes, die auch diesen neuer Betrachtung wert erscheinen lassen können.

Die einfachen und zweckmäßigen Vorstellungen, die ich mir bei der ursprünglichen experimentellen Bearbeitung des Gegenstandes zum Eindringen in denselben allmählich gebildet hatte, in allgemein verständlicher und übersichtlicher Weise zu entwickeln, zugleich auch einen Beitrag zum Bilde von der inneren Entstehungsgeschichte des Gegenstandes zu geben, war die ursprüngliche Absicht des Vortrages gewesen, wie es auch der Gelegenheit entsprach, zu der er gehalten wurde. Diese Absicht habe ich auch jetzt beibehalten, da sie — wie bemerkt — noch zweckvoll erschien, und auch die Vortragsform konnte gewahrt werden, wenn auch durch Zusätze jetzt das Ganze weit über gewöhnliche Vortragslänge gewachsen ist. Da die Zusätze fast sämtlich in Anhänge oder in Fußnoten verwiesen sind, so ist dem Vortrag seine Eignung zu einer ersten Einführung in den Gegenstand nicht genommen, während die Hinzufügungen dem Weiterstrebenden beziehlich dem Historiker dienlich sein können.

Alles Neuhinzugefügte ist — die vier besonderen Anhänge ausgenommen — durch eckige Einklammerung gekennzeichnet, und ich habe Wert darauf gelegt, hierdurch den ursprünglichen Text samt seinen Fußnoten auch jetzt noch ersichtlich zu erhalten. Denn es schien mir von Interesse, daß — obgleich die meisten damals im Vortrag behandelten Arbeiten nun schon an 20 Jahre alt sind — jetzt im wesentlichen nur eine einzige Stelle des Vortrags der Änderung bedurfte*), um das Ganze mit der inzwischen weit vorgeschrittenen Erfahrung in Einklang zu halten, wogegen manches damals vermutungsweise Ausgesprochene jetzt als erfüllt bezeichnet werden konnte. Die geänderte Stelle**) betrifft die Energieverhältnisse bei der lichtelektrischen Wirkung. Es ist hier sowohl meine ursprüngliche Annahme als auch die heute, nach Einführung der Lichtquanten und Hinzufügung neuer Erfahrung für geltend zu haltende Theorie kenntlich gemacht. Neu eingefügt in den Text des Vortrags ist eine Stelle betreffend die neuere Entwicklung der Atommodelle***).

Die vier Anhänge wollen in der Hauptsache historischem Interesse dienen. Sie enthalten manches was in der ersten Ausgabe nur angedeutet war jetzt weiter ausgeführt, insofern es geeignet schien, die Entwicklungsgeschichte der einzelnen Fortschritte besser zu beleuchten, auch die eigentümlichen Schwierigkeiten zu zeigen, welche immer auf dem Wege ins Unbekannte liegen, deren Begreifen aber doch den selbst nicht Beteiligten meist wenig nahe liegt. Man würde, wenn letzterem nicht so wäre, die in wissenschaftlichen und technischen Werken so oft beliebten, kleinen Entdeckungsgeschichten mit mehr Vorsicht und

---

*) Unwesentliche kleine Änderungen wurden außerdem an einigen Stellen zu verbesserter Deutlichkeit oder zur Entfernung entbehrlicher Fremdwörter angebracht, und eine kurze Fußnote ist weggeblieben (Note 1 S. 37 der ersten Ausgabe).

**) S. 42, 43, dort durch die eckige Einklammerung kenntlich.

***) S. 53—55, ebenfalls durch die eckige Einklammerung kenntlich.

weniger stereotyp erzählt finden, als es gewöhnlich der Fall ist, und man würde bei Anfängern in der Wissenschaft, und auch sonst, nicht so leicht Aussprüche treffen, die etwa klingen, als wollte man Kolumbus fragen, warum er nicht lieber direkt den Hafen von Neuyork angelaufen habe, statt nur auf der Insel zu landen und dann wieder umzukehren. Natürlich liegt die Ursache solchen historischen Fehlgehens immer in dem Nichterblicken des Rahmens, welchen die Entstehungszeit für jeden Fortschritt abgibt und der zugleich Maßstab für den Fortschritt ist. Es muß also, wenn geschichtliche Schilderungen Wert haben sollen, stets für genügende Kenntlichmachung dieses Rahmens gesorgt sein, in den der Leser jedesmal sich hineinfinden muß, wenn er selbst die einzelnen Fortschritte will würdigen können, und ich glaubte daher dies jetzt noch etwas mehr als in der ersten Herausgabe berücksichtigen zu sollen. Auch das fast volkstümlich gewordene Streben, bei der Darstellung großer Fortschritte stets auf einen Namen die Urheberschaft zu häufen, hängt mit dem Nichtsehen des Rahmens zusammen*). Es ist solches Streben nach Verherrlichung Einzelner verständlich und hat auch gediegenen Untergrund, insofern es dem Suchen nach Idealgestalten entspricht, deren Nacheiferung Großes erwecken kann; aber es kann solches Streben in der oft gebräuchlichen Übertreibung doch zuletzt nicht förderlich sein, da es auf Enttäuschungen führen muß, wenn ihm die Tatsachen bei genauem Zusehen nicht Recht geben. Wohl sind niemals Vielheiten von Menschen Herbeibringer großer Fortschritte, auch in den Wissenschaften, gewesen — solches anzunehmen gehört zu den allerschlimmsten Irrtümern —; aber die Einzelnen, die es gewesen sind, bilden stets eine — oft verzweigte — Kette untereinander, deren jedes Glied für sich allein wirkungslos gewesen wäre. Ich habe in dem Vortrag von Anfang an gesucht, dies hervortreten zu lassen, und mehrere der neuen Hinzufügungen wollen in derselben Richtung weiter gehen. Einer vollständigen Entstehungsgeschichte der betreffenden Wissensgebiete blieb aber dabei unsere Darstellung freilich immer noch fern; es würde sonst — ganz abgesehen von der Notwendigkeit der Mitwirkung anderer Be-

*) So bilden beispielsweise Galilei, Kepler und Huygens für Newtons Leistungen den Rahmen, welchen er bereits vorfand, den man aber in den gewöhnlichen Darstellungen meist nicht ersichtlich gemacht findet (wie Newton auch selbst sich nicht bemüht hat, ihn in seinen eigenen Werken ersichtlich zu machen).

teiligter*) — die Frage nach dem „wie es kam“ die nach dem „was“ zu sehr verdrängt haben. Denn bei experimentellen Entdeckungen, mit welchen wir es hier zu tun haben, spielen auch oft materielle, praktische Hilfsmittel — kleinliche Dinge im Verhältnis zum Ganzen — eine wesentliche Rolle; ihr Zurhandsein oder Fehlen entscheidet manchmal über Erfolg oder Vorbeigehen — ein sozusagen abenteuerlicher Zug, wie er eben jedem Streifen in unbekanntem Land anhaftet. Es würden einige Stellen des Vortrags, wenn ich vollständige Hergänge hätte erzählen wollen, auch mehr autobiographisch geworden sein, als ich es für angebracht halten konnte, da der Gegenstand selber noch Mißverständnissen ausgesetzt ist — auch bei Fachleuten — und noch unter Einwirkung unzutreffender Behauptungen leidet, die nur deshalb eine Rolle spielen konnten und können, weil einfache Grundtatsachen der Beobachtung nicht genügend beachtet worden sind**), — ganz abgesehen von der erschreckenden Unwissenheit in historischen Fragen allereinfachster Art, den Ursprung grundlegender Fortschritte betreffend, welche in den Werken fast aller Fachleute der jüngeren Schule auffällt.

Das Literaturverzeichnis entstammt der ersten Herausgabe***); es wollte und will jetzt noch zeigen, was ich unter der vorerwähnten Kette der Arbeiten verstehe, die in ihrem Zusammen-

*) Die wahre Geschichte ist stets nur in den Köpfen der Beteiligten zu finden. Nur aus diesen kann man erfahren, worauf es wirklich ankam beim Zustandekommen einer Entdeckung oder eines bestimmten Fortschrittes; nur damit also kann man auch tauglichen Wegweis für zukünftige Fortschritte erhalten. Was man nachträglich, wenn die Beteiligten nicht mehr leben, aus ihren — wie gewöhnlich — mehr die Sache als deren Zustandekommen beleuchtenden Veröffentlichungen herauszukombinieren versucht, wird niemals diesen obersten Zweck von „Geschichte“ erfüllen, sondern wird bestenfalls nur etliche Namen ergeben, die beteiligt waren, vielleicht auch die richtige Reihenfolge, in welcher dies geschehen ist, niemals aber unzweideutig die Hauptsache: wie die Beteiligung erfolgt ist.

**) Was hier im einzelnen gemeint ist, habe ich in einem besonderen Abschnitt eines ausführlichen Werkes über den Gegenstand („Quantitatives über Kathodenstrahlen aller Geschwindigkeiten“, Heidelberg, Verlag Winter, 1918) dargelegt, auf das auch sonst in den Anmerkungen dieses Vortrags zu weiterem Eindringen hingewiesen werden wird.

***) Hinzugefügt ist nur Guericke, der offenbar zu Unrecht weggeblieben war; außerdem sind jetzt diejenigen Teile des Inhalts der einzelnen Arbeiten bezeichnet worden, welche für unseren Gegenstand in Betracht kommen und derenthalben die betreffende Arbeit überhaupt im Literaturverzeichnis ihren Platz gefunden hat.

hang die Entwicklung des Gegenstandes in erster Linie bedingt haben. Die Auswahl der Glieder dieser Kette unterliegt freilich einiger Willkür; ich habe aber den Gesichtspunkt, der mich dabei geleitet hat, und den ich streng einzuhalten bestrebt war, in der ersten Fußnote zum Vortrag (S. 11) ausdrücklich angegeben und jetzt dort durch eine Hinzufügung noch weiter erläutert. Man sieht daraus, daß ich — entsprechend meiner eigenen Erfahrung bei der Literaturbenutzung — eine gewisse Vollkommenheit von einer Arbeit verlange, wenn ich ihr ernstlichen Einfluß auf die Entwicklung zugestehen soll, andrerseits aber auch, daß ich nicht zugebe, eine inhaltreiche und auf gute Beweisfähigkeit angelegte Arbeit könne wirkungslos bleiben, weil man sie nicht genügend oder vielleicht bewußtermaßen überhaupt nicht gekannt habe. Dem ist bei der heutigen Schnelligkeit der Verbreitung neuer Kenntnis keineswegs so. Vielmehr muß meines Erachtens alles was veröffentlicht ist, auch als öffentlich betrachtet werden*). Niemand kann sicher sein, der Einwirkung einmal in Bewegung gesetzter, von Druckschrift zu Druckschrift und von Mund zu Mund gehender Kenntnis nicht unterlegen zu sein; bewußt und vielleicht wieder vergessen, aber doch in der innerlichen Wirkung beharrend, oder auch unbewußt, wird sie ihn mit mehr oder weniger großer Wahrscheinlichkeit in irgendeiner Form erreicht und darauf sein Denken in neue Bahnen geleitet haben, die erfahrungsmäßig sofort gangbar werden, sobald nur die mindeste Andeutung eines sicheren Erfolges in der betreffenden Richtung im Unterbewußtsein vorhanden ist. Ich habe deshalb stets daran festgehalten, daß einmal Veröffentlichtes von dem Datum der Veröffentlichung an jederzeit als mitwirkend anzuerkennen sei und habe daher im Vorliegenden auch großes Gewicht auf die Berücksichtigung der zeitlichen Reihenfolge der Veröffentlichungen gelegt**). Auch habe ich selber niemals die Unkenntnis eines Autors zum Anlaß genommen, um mich über ihn hinwegzusetzen, sondern glaubte ihm, wenn sein Veröffentlichungsdatum früher war, die Priorität glatt zugestehen zu müssen, auch wenn ich erst beim Abschluß meiner Arbeit von

*) Während der Kriegszeit und auch jetzt noch kann dies allerdings nicht gelten. Solange die ausländische Literatur uns so unerreichbar bzw. unerschwinglich bleibt, wie in diesen Zeiten, kann ihre volle Würdigung nicht erwartet werden.

**) Vgl. dazu die Anmerkung zum Literaturverzeichnis S. 101.

ihm erfahren hatte*). Eine Weiterführung des nach diesen soeben angegebenen Gesichtspunkten zusammengestellten Literaturverzeichnisses, über den Zeitpunkt des Vortrages (1906) hinaus, schien mir nicht genügendes Interesse zu bieten, da zu diesem Zeitpunkt die Hauptentwicklung der Grundlagen des Gegenstandes schon abgeschlossen war. Neuere wichtige hierhergehörige Arbeiten finden sich in den Zusätzen oder den hinzugefügten Fußnoten zitiert. Eine Würdigung sämtlicher erschienener Arbeiten zu einem besonderen, an sich wichtigen Teil unseres Gegenstandes findet man im Anhang III; es sind dort auch die Gründe ersichtlich, warum nicht alle diese Arbeiten in dem nach den angegebenen Gesichtspunkten gefaßten Literaturverzeichnis aufgenommen werden konnten.

*) Freilich hat es mich dann enttäuscht, wenn eine meiner Arbeiten als „Wiederholung" oder als „nachträgliche Bestätigung" hingestellt worden ist; denn Arbeiten, die mir nicht prinzipiell Neues versprachen, habe ich nie unternommen.

Heidelberg, Juli 1920.

Vortrag

vom 28. Mai 1906

mit hinzugefügten Hinweisen auf den heutigen Stand der Kenntnis, gekennzeichnet durch eckige Einklammerung.

Hochansehnliche Versammlung! — Der Verpflichtung, im Sinne von ALFRED NOBELS Vermächtnis über die Kathodenstrahlen hier zu Ihnen zu reden, entspreche ich gern. Ich werde dabei von der Annahme ausgehen, daß Sie von mir am ehesten das hören möchten, was Andere Ihnen nicht auch sagen könnten; ich werde die Entwicklung des Gegenstandes — welcher auch die neueren Vorstellungen über die Elektrizität und die Materie in sich faßt — Ihnen so darstellen, wie sie von mir aus gesehen, als mein eigenes Erlebnis sich abgespielt hat.[1] Das wird mir die erwünschte Gelegenheit geben, die Abhängigkeit meiner

[1] Ich habe mir dabei dennoch andererseits in den vorliegenden Blättern große Mühe gegeben, alle Veröffentlichungen, welche neue Fortschritte des Wissens zum erstenmal und in überzeugender Weise mir gebracht zu haben scheinen, historisch zu ihrem Rechte kommen zu lassen, auch dann, wenn ich sie seinerzeit für mich zu spät hatte kennen lernen. [Damit will auch gesagt sein, daß ich zeitweilige Literaturunkenntnis nicht zur Entschuldigung nehme, wo ich bestimmte Autoren in diesem Vortrag nicht genannt habe, sondern daß letzteres nur deshalb geschehen ist, weil diese Autoren nicht die ersten waren, die die betreffenden Resultate brachten oder weil sie dieselben damals in für mich nicht überzeugender Weise brachten, z. B. nur in vorläufiger, eine Urteilbildung über die Gediegenheit der Durchführung nicht zulassender Veröffentlichung. Ich halte diesen Gesichtspunkt für wichtig in historischer Beziehung. Denn man kann wohl nicht besser den wirklichen Fortschrittswert einer Arbeit beurteilen, als aus dem Eindruck, den ihre Kenntnisnahme auf einen gleichzeitig in gleicher Richtung Suchenden, mit allen Schwierigkeiten und Bedenken des Gegenstandes Vertrauten ausübte. Es ist später immer sehr schwer, Geist und Kenntnisumfang vergangener Zeiten — wenn sie nicht

Arbeit von der Anderer zu zeigen, umgekehrt aber mir auch erlauben, an ein oder zwei Punkten von den Beziehungen späterer oder nahe gleichzeitiger Arbeiten Anderer zu den meinigen zu reden. Ich will also — in dem Gleichnis, welches Sie, verehrte Kollegen von der Akademie der Wissenschaften, an die Spitze Ihres Mitgliederdiploms stellen[2] — jetzt nicht nur von den Früchten reden, sondern auch von den Bäumen, auf denen sie gewachsen sind, und von den Pflanzern dieser Bäume. Es ist mir dieser Weg für diese Gelegenheit um so mehr vorgezeichnet, als ich selber gar nicht immer zu Denen gehört habe, die die Früchte gepflückt haben, oder die sie zuerst gepflückt haben, sondern wiederholt nur zu Denen, die die Bäume gepflanzt oder gepflegt haben, oder die geholfen haben, dies zu tun.

Aus der Reihe meiner Arbeiten darf ich in der gegebenen Zeit einige, bestimmte Stellen zu eingehenderem Verweilen herausgreifen.

Der Anfang führt mich 26 Jahre zurück und auf Crookes. — Ich hatte dessen damaligen Vortrag über die „strahlende Materie" (5)[3] — wie er die Kathodenstrahlen[4] nannte — gelesen, und großen Eindruck davon gehabt.[5] Sie kennen gewiß Alle seine

tätig mit erlebt waren — zutreffend sich zu vergegenwärtigen, und doch beruht hierauf der ganze Wert gerechter historischer Darstellung. — In meinen ersten Veröffentlichungen eigener neuer Fortschritte bin ich weniger streng verfahren und habe eher mehr Autoren zitiert, als dem hier eingehaltenen Gesichtspunkt entspricht.]

[2] Zierschild: Gärtner, junge Bäume pflanzend, dabei die Unterschrift: „För Efterkommande".

[3] Eingeklammerte Zahlen beziehen sich auf das Literaturverzeichnis am Schlusse; unter S. werden an einigen Stellen Seitenzahlen umfangreicherer Veröffentlichungen angegeben werden.

[4] Nach Faraday (1) hatten bereits Hittorf (2) und dann Goldstein (4) die „Glimmlichtstrahlen" oder „Kathodenstrahlen" in zunehmender Deutlichkeit hervorgebracht und studiert. Was Crookes mehr bringt als diese seine Vorgänger, hat er größtenteils durch Anwendung höherer Luftverdünnungen erreicht. [Vgl. hierzu übrigens den Anhang I.]

[5] [Daß dieser Eindruck ungehöriger Weise ungerecht gegen Hittorf ausfallen mußte, indem dessen Verdienste auch in der deutschen Übersetzung von Crookes Vortrag versteckt gehalten blieben, konnte mir erst später zum Be-

Versuche. Hier (Abb. 1) ist einer zur Rückerinnerung: Die Glasröhre mit sehr verdünnter Luft; die negativ elektrisierte Platte oder Kathode (*a*), an welcher die Strahlen entstehen; ein Kreuz (*b*), den Strahlen in den Weg gestellt, und hier der Schatten des Kreuzes (*d*), geworfen von den Strahlen auf die phosphoreszenzfähige Glaswand. Der Schatten verschiebt sich, wenn man einen Magneten heranbringt; ein Zeichen, daß die Kathodenstrahlen — ganz anders wie Lichtstrahlen — im Magnetfelde gekrümmt werden.

Abb. 1.

Wenn ich in meinen Arbeiten stets großes Gewicht darauf gelegt habe, die zu studierende Erscheinung rein und frei von störenden Nebendingen hervorzubringen, ohne Rücksicht auf die dazu erforderliche Mühe oder Umständlichkeit, so hat das Gefühl hierfür schon bei Crookes seine Nahrung gefunden. Denn er war es, der diese Kathodenstrahlen in einer Reinheit hervorbrachte, die alles Vorhergegangene genügend überbot,[6] um zum erstenmal

wußtsein kommen, als ich in umfangreichen Spezialwerken Hittorfs Arbeiten erwähnt fand. In meinem Vortrag konnte ich historisch richtig nur so berichten, wie es dem wirklichen Verlauf der Dinge entsprach, wonach ich also an obiger Stelle auf Crookes Einfluß allein mich zu berufen hatte; ich habe aber im übrigen Hittorfs Verdienste richtig im großen Gesamtbilde der Kenntnisentwicklung einzureihen gesucht (vgl. das Literaturverzeichnis), und im Anhang I zu Vorliegendem findet man eine besondere Würdigung seiner Arbeiten im Hinblick auf die ganz unverantwortliche Vernachlässigung, welche ihm als Deutschen von seinen Volksgenossen zu teil geworden ist.]

[6] [Daß es richtig war, Crookes Versuche für besonders rein zu halten, ging allerdings erst später aus dem Vergleiche mit meinen eigenen Versuchen (18, 19) an unzweifelhaft reinen Kathodenstrahlen hervor (vgl. S. 25 und Anhang II)].

es deutlich sehen zu lassen, daß man es hier mit einer Erscheinungswelt von ganz besonderer Eigenart zu tun habe, den übrigen Entladungserscheinungen gegenüber ausgezeichnet durch die anziehende Eigenschaft der Einfachheit. Was man sich nun freilich unter „strahlender Materie“ oder „viertem Aggregatzustand“, wie er es nannte, genau genommen vorzustellen habe, wollte mir damals nicht klar werden, ebensowenig als es — wir können das heute ruhig sagen — Crookes selbst zurzeit klar gewesen sein konnte. Aber ich teilte vollkommen seine Begeisterung, wenn er sagte: „Hier, so scheints mir, liegen letzte Realitäten“;[7] und wir haben Recht behalten; deshalb stehe ich heute hier!

Während meiner Studentenzeit erhielt mein Interesse an diesen Dingen keine direkte Betätigung. Man hielt elektrische Gasentladungen nicht für das geeignete Studienobjekt von Anfängern, und ganz mit Recht. Hatten doch selbst gereifte Experimentatoren im Laufe der Jahre nach Crookes auf diesem Gebiete nichts gefördert, was ihre Mühe recht gelohnt hätte. Sie waren nicht zu Erscheinungen gelangt, welche wieder mit unmittelbarer Deutlichkeit neue Einblicke gewährt hätten; sie waren eben in der Reinheit der Versuchsbedingungen nicht wesentlich über Crookes hinausgekommen.

Später, als Assistent bei Quincke in Heidelberg, erhielt ich zuerst Gelegenheit und Mittel, eine aufs äußerste evakuierende Quecksilberluftpumpe zu bauen — eine damals durchaus noch nicht als regelmäßiges Inventarstück eines physikalischen Institutes geltende Vorrichtung — und damit selber Versuche über jene Strahlen anzustellen. Ich wollte möglichst geradeaus vorwärts gehen, und dachte, es wäre doch schön, wenn man vor allem einmal diese Strahlen aus der Röhre heraus ins Freie treten lassen könnte; da würde man recht mit ihnen experimentieren können. — Man müßte dazu an der Röhrenwand einen für die

[7] [Ich hätte hier Hittorfs 10 Jahre früheren Ausspruch anführen können, der dasselbe, wenn auch in etwas anderer Weise besagt (siehe den Anhang I, S. 66); doch wäre dies in meinem Vortrag ein Anachronismus gewesen, denn Hittorf war mir zur eben geschilderten Zeit noch unbekannt (vgl. die Note 5, S. 12).]

Strahlen durchlässigen, aber luftdichten Verschluß anbringen. Strahlende Materie würde nun freilich schwer durch luftdichte Verschlüsse gehen, aber es könnte doch auch sein, daß EILHARD WIEDEMANN Recht hätte, welcher die Kathodenstrahlen als eine Art von ultra-ultraviolettem Licht betrachtete. Schließlich schien mir Quarz als der für alle damals gut bekannten Strahlungen durchlässigste Körper am aussichtsvollsten. Hier (Abb. 2) ist die damals von mir hergestellte Röhre mit der Kathodenplatte, und oben daran die Öffnung, welche mit der 2,4 mm dicken Quarz-

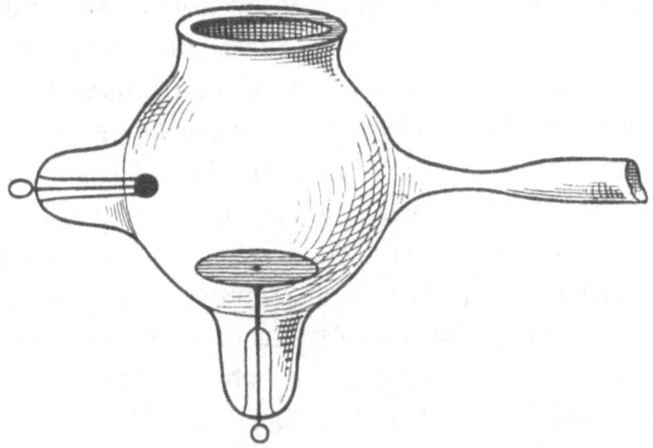

Abb. 2 (etwa natürl. Größe).

platte verschlossen wurde. Der Erfolg blieb aber aus; ich habe außerhalb des Quarzes weder Phosphoreszenzwirkungen, noch auch elektrische Wirkungen[8] gefunden, deren Ursprung nicht unzweifelhaft auf das aus der Röhre dringende Licht zurückzuführen gewesen wäre.

Erst vier Jahre später, 1892, war eine neue Möglichkeit eingetreten. HERTZ, dessen Assistent ich damals geworden war, hatte gefunden, daß dünne Metallblätter für Kathodenstrahlen durchlässig seien (15). — Er benutzte die ganz dünnen, äußerst

[8] HERTZ Entdeckung solcher Wirkungen des ultravioletten Lichtes war damals [Pfingsten 1888] eben schon gemacht gewesen (8). [Ich habe dementsprechend „passive" Funken vor dem Quarzfenster überschlagen lassen; die Funkenlänge vergrößerte sich aber nur, wenn Glimmlicht in der Röhre war, nicht wenn nur grüne Glasphosphoreszenz der Rohrwand erschien. Ebenso leuchteten Erdalkaliphosphore außerhalb der Röhre nur im ersteren Falle merklich auf. Über Platincyanür verfügte ich nicht.]

zarten und löcherigen Gold-, Silber-, Aluminiumblätter, welche für Buchbinderzwecke gemacht werden, wies aber nach, daß die Kathodenstrahlen nicht nur durch die Löcher, sondern auch wirklich durch den Stoff, durch das Metall der Blätter gehen. Eines Tages rief er mich zu sich — ein Ereignis, das zu meinem damaligen lebhaftesten Bedauern nur sehr selten eintrat — und zeigte mir die eben gefundene Erscheinung: Uranglas war mit Aluminiumblatt bedeckt im Innern einer Entladungsröhre und leuchtete, von oben bestrahlt, unter dem Blatt. Er sagte mir: „Man müßte — und ich möge es eventuell ruhig tun, da er doch verhindert sei — zwei Räume durch ein solches Aluminiumblatt trennen; in dem einen Raum wären die Strahlen zu erzeugen wie gewöhnlich, in dem andern Raum würden sie dann reiner als je vorher beobachtet werden können, und wenn auch wegen der Zartheit der Blätter wohl immer nur ein geringer Luftdruckunterschied zwischen den beiden Räumen sein dürfte, so könnte man vielleicht doch den Beobachtungsraum einmal völlig auspumpen, und sehen, ob dies der Ausbreitung der Kathodenstrahlen ein Hindernis wäre oder nicht: ob sie also Vorgänge in der Materie seien, oder aber Vorgänge im Äther." Diese letztere Entscheidung schien er für das allerwichtigste zu halten. — Ich habe den Versuch später auch ausgeführt; es lockte mich jedoch vor allem meine frühere Frage, die der Kathodenstrahlen in freier Luft. Die Zartheit der von Hertz benutzten Blätter schreckte mich nicht; ich schichtete in einer darauf eingerichteten Röhre mehr und mehr solcher Blätter übereinander und fand, daß deren 10 und 15 noch immer ganz merklich durchlässig seien. Daraufhin verschaffte ich mir Aluminiumfolien, die von vornherein schon solche größere Dicke hatten[9], um zu sehen, ob sie dicht wären

[9] [Solche Folien, die heute als Staniolersatz viel verbreitet sind, waren damals nicht ohne weiteres erhältlich. Da ich annahm, daß sie als Zwischenprodukt bei Herstellung der für Buchbinderzwecke käuflichen allerdünnsten Aluminiumfolien auftreten müßten, reiste ich nach Nürnberg, wo Goldschlägerei zu Hause war, und erreichte es — nach vergeblichem Bitten bei mehreren dieser kleinen Betriebe, die meist in Hinterhäusern aufzusuchen waren —, daß mir einige Sorten dieser Zwischendicken abgegeben wurden. Es war dies bei der Firma Trump, die mir dann auch später noch gern mit ihren Erzeugnissen aushalf.]

und den Luftdruck auszuhalten vermöchten. Es war auf genügend kleiner Fläche der Fall. Da nahm ich die alte Röhre wieder vor, setzte an Stelle des Quarzes eine Metallplatte mit einem kleinen Loche auf, das seinerseits mit der Aluminiumfolie verschlossen war, streute einige Körnchen Erdalkaliphosphors auf dieses kleine Aluminiumfenster, erregte die Röhre, und siehe: die Körnchen leuchteten prächtig auf! Schnell waren sie etwas höher oben über dem Aluminiumfenster befestigt, und sie leuchteten auch dort noch ganz gut! Also: die Kathodenstrahlen waren herausgedrungen nicht nur aus dem Innern der Entladungsröhre, in das sie bis dahin immer gebannt gewesen waren, sondern — was kein Mensch vorauszusagen imstande gewesen wäre — sie zeigten sich auch fähig, ganze Luftstrecken von gewöhnlicher Dichte zu durchsetzen.[10] Damit war es klar, daß ein neues und großes Gebiet der Untersuchung vor mir sich aufgetan habe, ein Gebiet noch nie gesehener Erscheinungen nicht nur, sondern auch eins, dessen Wege in die Tiefe zu führen versprachen, so sicher als jene Strahlung immer schon rätselhaft allem andern Bekannten gegenübergestanden war, und so sicher, als sie nun auf einmal ihrer Unzugänglichkeit beraubt war und als zugleich — was noch wichtiger schien — zum erstenmal völlig reine Versuche mit ihr möglich geworden waren.[11]

Vergleichen wir unsern Fall mit dem einer andern Strahlung, des Lichtes, so war es früher, als hätte man das Licht nur im Innern von Feueröfen und Flammen untersuchen können, wo es erzeugt wird, wie die Kathodenstrahlen in der Röhre. Wo wäre da das große und feine Gebäude der Optik geblieben?! Jetzt war ein Fenster an dem Feuerofen angebracht, durch welches das Licht aus ihm heraustreten konnte, rein, für sich allein, frei von von den komplizierten und an sich ebenfalls erst noch zu untersuchenden Vorgängen der Erzeugung, welche beschränkt bleiben auf das Innere der Entladungsröhre und welche, wie die Folge zeigte, in der Tat nicht früher dem Verständnis sich eröffneten, als bis erst das Studium der reinen Kathodenstrahlen genügend erledigt war

[10] [Dieser Versuch wurde am 20. Oktober 1892 ausgeführt.]
[11] [Siehe hierzu Anhang II.]

Eben dieses Studium hat auch — wie wir in historischer Reihenfolge sehen werden — zu all den weiteren, zum Teil sehr allgemein bekannt gewordenen Funden, den RÖNTGENschen Strahlen, der Radioaktivität und zu den neuen, vertieften Anschauungen über Elektrizität und Materie geführt.

Zuerst war nun gewissermaßen das Eingangstor in das neue Gebiet zu erweitern. Die Intensität der aus dem Fenster kommen-

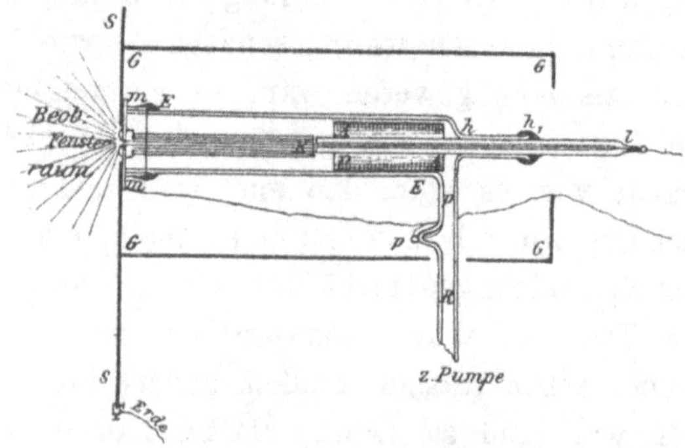

Abb. 3 (etwa $^1/_5$ natürl. Gr.).

den Strahlen mußte vergrößert, die Erzeugungsbedingungen mußten günstiger gestaltet werden, als es in jener ersten Röhre der Fall war. Dies führte zur Konstruktion der hier abgebildeten Röhre (Abb. 3)[12], welche dann für viele Versuche diente (18) Wir sehen

[12] [Besonders die eigentümliche, in der Abbildung ersichtliche Anordnung der Anode sowie die starke Glasumhüllung des Kathodenstieles waren wesentlich für die Erzeugung intensiver Strahlen von hoher Geschwindigkeit, bei der sonst gewählten Rohrform, ohne doch zu hohe Anforderungen an das Vakuum und das Induktorium stellen zu müssen. Ich hatte Angaben praktischer oder auch theoretischer Natur, die mir hätten hier behilflich sein können, vergeblich in der Literatur gesucht (z. B. auch in G. WIEDEMANNS sehr ausführlichem Werk über Elektrizität) und mußte daher die mir damals — als Aufenthalt auf schon gefundenem nur noch ergiebiger zu machenden Wege — sehr drückend erschienenen Bemühungen auf mich nehmen, die zu dem in der Abb. 3 dargestellten und dann auch zu dem käuflich gemachten Entladungsrohr (Abb. 9 S. 26) führten. Ich glaube dadurch zum erstenmal das Mittel bereit gestellt zu haben, sehr intensive Kathodenstrahlen leicht erreichbar zu erhalten, was für spätere Fortschritte wohl auch anderer Forscher dann allerdings nützlich geworden ist.]

den Erzeugungsraum mit der Anode (*A*) und Kathode (*K*), den Verschluß (*mm*) mit dem Fenster, und jenseits davon den Beobachtungsraum, in welchen die Strahlen hinaustreten. Der Erscheinungen, welche sich hier bieten, ist eine solche Fülle, daß obgleich die nächstliegenden und auch die etwas weiter dahinter verborgenen nun wohl alle schon gefunden sind, sie doch auch heute noch längst nicht alle genügend auf ihre Konsequenzen verfolgt sind.[13]

Vorauszuschicken ist, daß die Strahlen unmittelbar nicht sichtbar sind; es würde nichts nützen, das Auge an das Fenster zu bringen; dieses Organ ist für Kathodenstrahlen nicht eingerichtet. Dagegen Körper, die fähig sind, kalt selbstleuchtend zu werden, phosphoreszenzfähige Körper, wie man sie nennt, sind geeignet, die Strahlen sichtbar zu machen. Am besten benutzt man Papierblätter, die mit solchen Körpern, z. B. einem gewissen Keton, den Platincyanüren, oder einem Erdalkaliphosphor bedeckt sind, und hält sie als Schirm den Strahlen entgegen; Leuchten des Schirmes zeigt dann an, daß er von den Strahlen getroffen wird. Auch kann man die Strahlen unmittelbar photographieren. Es sind dies dieselben Mittel, durch welche man auch das ultraviolette Licht sichtbar macht, damals das einzige sonst bekannte Beispiel einer derartig nachzuweisenden, unsichtbaren Strahlung.

Wenden wir den Phosphoreszenzschirm an, so finden wir ihn dicht am Fenster grell leuchtend; weiter und weiter ab vom Fenster zeigt sich die Intensität der Strahlen schwächer und schwächer und in etwa 8 cm Entfernung bleibt der Schirm ganz dunkel: Offenbar ist die Luft vom vollen atmosphärischen Druck für die Kathodenstrahlen gar nicht sehr durchlässig, bei weitem nicht so sehr, wie etwa für Licht. Noch viel merkwürdiger war es aber, zu finden, daß die Luft sogar ein trübes Medium ist für diese Strahlen, ganz wie etwa Milch für Licht. Bringen wir in passender Entfernung vom Fenster eine undurchlässige Wand mit einem Loche an und stellen dagegen die Kante des Schirmes,

[13] [Es gilt dies auch jetzt, 1920, noch; die in der Vorbemerkung (Fußnote S. 8) erwähnte ausführliche Darstellung des bis 1918 von jenen Anfängen aus Erreichten weist an vielen Stellen noch weitere Wege ins Unbekannte.]

so erhalten wir diesen Anblick (Abb. 4). Hier die punktierten Linien geben das schmale Strahlenbündel an, das wir bei gradliniger Ausbreitung zu erwarten hätten; das helle breite um die Ecke biegende Büschel aber ist es, was wir wirklich auf dem Schirm in freier Luft beobachten, ganz als hätten wir Licht durch dasselbe Loch in einen Trog mit etwas verdünnter Milch fallen lassen. Was trübt die Luft? In der Milch sind es die vielen kleinen in ihr verteilten Fettkügelchen, welche sie für Licht trübe

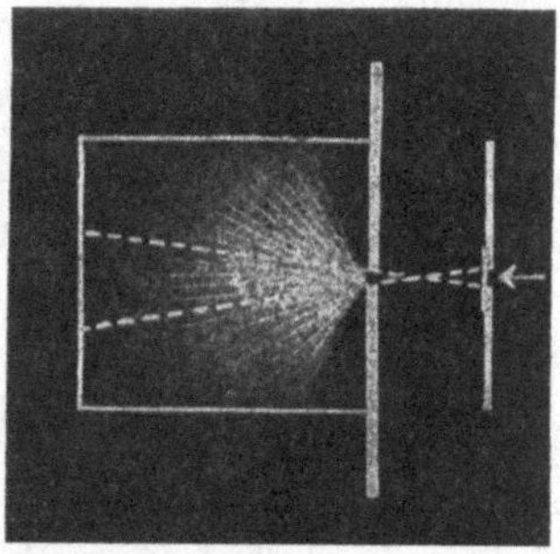

Abb. 4.

machen; reine Luft enthält aber nichts als nur die Moleküle der Gase, aus welchen sie besteht, verteilt im Äther. Diese Moleküle sind außerordentlich klein, 10 000 mal kleiner als jene Fettkügelchen, viel zu klein, um einzeln auf Licht zu wirken; die Kathodenstrahlen aber, sehen wir, nehmen doch Anstoß an jedem solchen Molekül. Da müssen denn diese Strahlen etwas außerordentlich Feines sein; so fein, daß der molekulare Bau der Materie, welche den immerhin sehr feinen Lichtwellen gegenüber verschwindet, ihnen gegenüber sehr merklich wird. Natürlich wird es dann auch möglich sein können, mit Hilfe dieser Strahlen Auskünfte zu erhalten über die Beschaffenheit der Moleküle und Atome.

Es war daher von besonderem Interesse, das Verhalten der verschiedensten Körper den Kathodenstrahlen gegenüber zu untersuchen. Am nächsten lag die Untersuchung der Durchlässigkeit. Ein erstes Urteil über dieselbe gewinnt man schon, wenn man den betreffenden Körper in dünner Schicht zwischen Fenster und Schirm hält. Man findet vor allem, daß die Durchlässigkeit oder Undurchlässigkeit der Körper für Licht nicht im mindesten maßgebend ist für die Kathodenstrahlen.

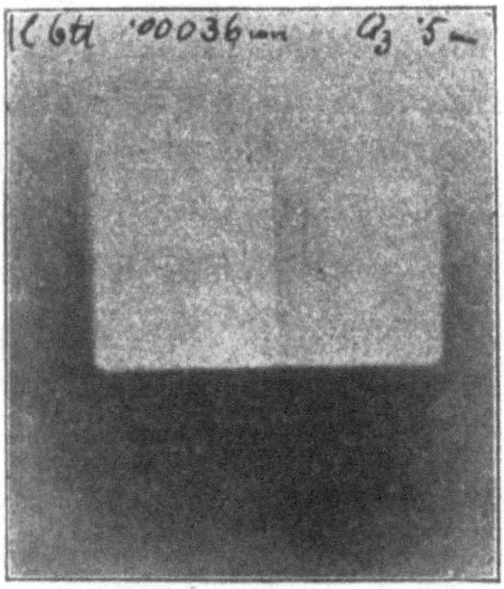

Abb. 5.
Quarzplatte und Blattaluminium

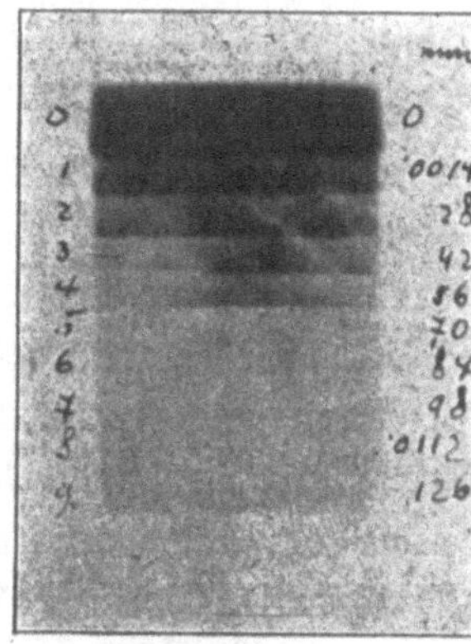

Abb. 6.
Aluminiumtreppe

Alum.

Silber

Gold

Alum.

Silber

Gold

Abb. 7.
gleich dick (0,00071 mm)

Abb. 8.
gleich schwer (0,75 mg/mm²)

Schattenbilder, aufgenommen in lichtdichter, dünnwandiger Kassette vor dem Aluminiumfenster. Nachbildungen der Negative aus dem Jahr 1894 (18, 21).

Hier ist ein Beispiel davon (Abb. 5), die Wiedergabe einer direkten photographischen Aufnahme am Aluminiumfenster. Man sieht in der oberen Hälfte den tiefen Schatten[14] einer für Licht völlig klar durchsichtigen, $^1/_2$ mm dicken rechteckigen Quarz-

[14] Es erscheint in den Abb. 5—8 hell für dunkel, wie in jedem photographischen Negativ, im Vergleich zum Anblick am Phosphoreszenzschirm.

platte und in der linken Hälfte als nur ganz matten Schleier das Abbild eines über diese ganze Hälfte gelegten, gewöhnlichen, für Licht undurchlässigen, etwas unregelmäßig begrenzten Aluminiumblattes. — Man muß indessen sehr Rücksicht nehmen auf die Dicke der schattenwerfenden Schicht. So erscheint z. B. die Quarzplatte dieses Versuches nur deshalb nicht durchlässig, weil sie dazu zu dick ist, und daß bei Hertz die Blattmetalle als erstes und zunächst einziges Beispiel durchlässiger Schichten erscheinen, lag an der Dünne, in welcher diese Metalle zu haben sind; wir werden bald sehen, daß die allermeisten anderen Körper, ebensodünn gemacht, sogar noch durchlässiger sind als Gold und Silber. Zunächst kann man sich davon überzeugen, daß die Absorption der Kathodenstrahlen in jeder Substanz ein ganz allmählich verlaufender Vorgang ist, ganz wie beim Lichte auch, wo man weiß, daß z. B. das undurchsichtige Gold durchsichtig wird, wenn man es nur dünn genug macht. Wir sehen hier (Abb. 6) den Schatten treppenförmig übereinandergelegter Aluminiumblätter, dabei links die jedesmalige Zahl der Blätter, rechts deren gesamte Dicke. Es markiert sich jede Dickenstufe — außerdem auch jede Ungleichmäßigkeit in der Dicke der einzelnen Blätter — und man sieht, wie fast völlige Durchlässigkeit allmählich übergeht in fast völlige Undurchlässigkeit. Es handelte sich also bei jedem Körper nicht um die Entscheidung zwischen „durchlässig“ und „undurchlässig“ schlechthin, sondern darum, ein zahlenmäßiges Maß für die Stärke der Absorption der Kathodenstrahlen in ihm zu finden, sein A b s o r p t i o n s v e r m ö g e n zu messen, und ich habe dies für eine ansehnliche Zahl von festen und gasförmigen Körpern getan.

Das Resultat war wunderbar! All die bunte Mannigfaltigkeit von Eigenschaften, die wir an den verschiedenen Körpern um uns zu sehen gewohnt sind, verschwand. Es kam auf nichts an, als nur auf das G e w i c h t der Körper (21). Alles was gleichschwer war absorbierte auch gleich stark, was schwerer war absorbierte mehr, was leichter war weniger, und zwar immer im Verhältnis der Gewichte oder der Massen. Woraus aber die Körper chemisch bestehen, welches ihr Aggregatzustand und ihre sonstigen Eigenschaften seien, darauf kommt es in erster Annäherung gar nicht an; — ein ganz beispielloses Verhalten, das keiner anderen damals bekannten Strahlung eigen war.[15] In zweiter Annäherung, wenn wir besonders genau zusehen, findet sich ein kleiner Einfluß der chemischen Beschaffenheit der Körper; so z. B. absorbiert Wasserstoff und alles was Wasserstoff enthält ein klein wenig mehr als dem Gewicht proportional. Ich muß es mir versagen, auf diese kleinen Abweichungen und ihre Bedeutung hier näher einzugehen.[16] Zur Veranschaulichung des in erster Annäherung geltenden Gesetzes von der Massenproportionalität der Kathodenstrahlenabsorption seien die direkt aufgenommenen Schattenbilder gleichdicker Aluminium-, Silber- und Goldschichten gezeigt (Abb. 7). Man sieht, daß das schwerere Silber mehr absorbiert, als das leichtere Aluminium, und das schwerste Gold am meisten. Nehmen wir dagegen gleichschwere Schichten der drei Metalle (Abb. 8), so erhalten wir entsprechend gleiche Schatten, gleiche Absorption, und das Resultat wäre dasselbe geworden, wenn wir beliebige andere Körper in Schichten von gleichem Gewicht genommen hätten.

Ja, nicht nur in bezug auf die Absorption, auch in bezug auf die Trübung, welche ich ebenfalls bei einer Anzahl verschiedener Körper untersuchte (18b S. 257; 21 S. 265), kam es den Kathodenstrahlen in erster Linie auf nichts anderes an, als auf das Gewicht, auf die Masse des betreffenden Körpers, auf die Quantität der Materie — wie schon Newton sich ausdrückte —, nicht auf die Qualität derselben.[17] Erinnern wir uns nun, daß Kathodenstrahlen bei ihrer Ausbreitung in der

---

[15] Später kamen die Röntgenschen Strahlen als zweites Beispiel einer nahe proportional den Massen absorbierbaren Strahlung hinzu.

[16] Siehe darüber (21, 47, 52) [und „Quantitatives über Kathodenstrahlen" S. 99—108, sowie die Fußnote 64, S. 54 dieses Vortrags].

[17] Die diffuse „Reflexion" der Kathodenstrahlen, welche als rückwärts gerichtete, starke Zerstreuung aufgefaßt werden kann, ist ebenfalls durch die Masse bestimmt, wie einwandfrei aus den Messungen von A. Becker hervorgeht (52 S. 448). [Diese damals neue Auffassung der sogenannten Reflexion der Kathodenstrahlen als Rückdiffusion hat sich bei späterer eingehenderer Untersuchung durchaus bewährt. Siehe hierüber und über echte Reflexion „Quantitatives über Kathodenstrahlen" S. 194 ff.]

Materie es mit den Molekülen derselben einzeln zu tun haben, so müssen wir schließen: die Moleküle der verschiedenartigsten Körper, also auch die Atome der verschiedenen chemischen Elemente unterscheiden sich nicht qualitativ, sondern nur quantitativ voneinander, d. h. sie bestehen alle aus einem und demselben Urstoff, enthalten denselben aber in verschiedener Menge. Diese alte, aber mangels stichhaltiger Angriffspunkte fast vergessen gewesene Hypothese der alchimistischen Goldmacher war hier von neuem und aufs äußerste nahe gerückt; diesmal aber nicht um wieder zu verschwinden, sondern um sich zu bewähren, wofür wir als Beleg aus der neuesten Zeit die Resultate von Ramsay (54) und Rutherford (51) über wunderbare Umwandlungen des Radiums[18] in andere Elemente anführen können. Um aber das Gesetz von der Massenproportionalität der Kathodenstrahlenabsorption zur Grundlage eingehenderer Schlüsse in bezug auf die Konstitution der Materie machen zu können, mußte man vor allem etwas davon wissen, was denn die Kathodenstrahlen eigentlich sind. Zu dieser Frage, welche ich ebenfalls gleich von Anfang an in Angriff nahm, wenden wir uns jetzt.

Vor allem können wir entscheiden, ob die Kathodenstrahlen Vorgänge in der Materie sind oder Vorgänge im Äther. Wenn wir einen Raum mit der Luftpumpe vollständig entleeren, so enthält er keine Materie mehr, sondern nur den Äther, wie er auch im Himmelsraum sich findet.[19] Nun weiß man beispielsweise schon lange,[20] daß Schall durch solche leergepumpte Räume nicht dringen kann, wohl aber Licht, elektrische und magnetische Kräfte. Man ist daher auch außer Zweifel, daß der Schall ein Vorgang in der Materie ist, das Licht, die elektrischen und magnetischen

[18] Als Beweise für die Elementnatur des Radiums sind sein besonderes Spektrum und Atomgewicht beigebracht (38, 39).

[19] [Über die neuerdings von gewisser Seite her beliebte, ganz willkürliche und einseitige, sowie auch wirkungslose „Abschaffung" des Äthers siehe „Über Relativitätsprinzip, Äther, Gravitation", 2. Aufl., 1920.]

[20] [Nämlich seit Guericke, der zuerst Versuche hierzu mit seiner Luftpumpe machte (0).]

Kräfte aber Vorgänge im Äther. Den entsprechenden Versuch auch für die Kathodenstrahlen zu machen, war in den gewöhnlichen Entladungsröhren nicht möglich gewesen; denn sobald alle Luft weggenommen wird, hört auch die Erzeugung der Strahlen in einem solchen Rohre auf. Wir können nun aber, ohne die geringste Störung der Erzeugung, unsern Beobachtungsraum jenseits des Fensters völlig luftleer machen und zusehen, ob trotzdem die Kathodenstrahlen in ihm sich werden ausbreiten können. Es zeigte sich, daß die Ausbreitung der Strahlen im äußersten Vakuum sogar eine besonders gute ist; alle Absorption und Trübung durch die Gasmoleküle fällt da weg, die Strahlen entwickeln sich zur Länge von Metern, und zwar in solcher geradliniger Schärfe, wie man es sonst nur bei Lichtstrahlen zu sehen gewohnt ist (18).[21] Sie sind also Vorgänge im Äther. Speziell, mit Bezug auf bereits hergebrachte Hypothesen, konnte man sagen: sie sind also sicher nicht strahlende Materie, nicht fortgeschleuderte Gasmoleküle, als welche man besonders in England sie zu bezeichnen gewohnt war.[22] Welche Art Vorgänge im Äther sie seien, blieb nun freilich zunächt unaufgeklärt. „Wellen im Äther" hatten

[21] [Die hier erwähnten Strahlbeobachtungen hatten seinerzeit (1894) offenbar erst besonders die Aufmerksamkeit darauf gelenkt, daß man mit Kathodenstrahlen im Vakuum ebenso saubere, sozusagen geometrisch-optische Versuche ausführen könne wie mit Lichtstrahlen. Obgleich nämlich Hittorfs und dann Crookes Schattenversuche (S. 13) es schon lange nahe gelegt hatten, schmale ausgeblendete Kathodenstrahlbündel herzustellen und dieselben zu Studien schwacher und namentlich auch schnell veränderlicher Magnetfelder zu benutzen, so kam diese Anordnung doch erst nach Veröffentlichung jener Strahlbeobachtungen im Vakuum auf. A. Hess hat zuerst (1894) eine hierzu geeignete Vorrichtung angegeben (Literatur hierzu siehe in den Ann. d. Phys. u. Chem. 64, S. 623, 1897); dieselbe benutzte noch das Aluminiumfenster. F. Braun hat dann zweckmäßig die durch meine eingehenden Strahlbeobachtungen in verdünnten Gasen (18) gegebene Erkenntnis benutzt, daß man bei den zur Erzeugung einigermaßen schneller Strahlen dienlichen Gasdrucken an Schärfe der Strahlen nur sehr wenig verliert gegenüber vollständigem Vakuum und hat demnach eine Röhre ohne Aluminiumfenster, nur mit Blenden, angegeben (1897), die als „Braunsche Röhre" schon viele gute Dienste geleistet hat.]

[22] Auch nach Bekanntwerden der Versuche mit dem Aluminiumfenster wurde diese Anschauung noch eine Weile beibehalten, indem man anzunehmen versuchte, daß molekulare Stöße durch das Fenster hindurch auf die Moleküle der äußeren Luft bzw. auf im Vakuum zurückgebliebene Moleküle treibend wirkten. [Vgl. Anhang II, Fußnote 101, S. 76].

manche meiner Leser voreilig mir untergeschoben; sehr mit Unrecht; ich war weit davon entfernt, dies oder überhaupt mehr zu sagen, als was meine Versuche mir gezeigt hatten, und was zu ihrer Erläuterung dienlich schien. Hatte ich doch auch die Mittel in der Hand, täglich neues zu erfahren von der Natur selbst, in weiteren Versuchen. So dachte oder hoffte ich wenigstens. Nicht ganz erfreulich war es daher für mich, daß eben an dieser Stelle meine experimentelle Arbeit eine erhebliche Unterbrechung erleiden mußte, zuerst durch eine Aufgabe, welche der so frühe Tod von HEINRICH HERTZ unerwartet mir brachte: die Herausgabe seiner „Prinzipien der Mechanik", eine nicht leichte Sache, und alsdann durch eine theoretische Professur.

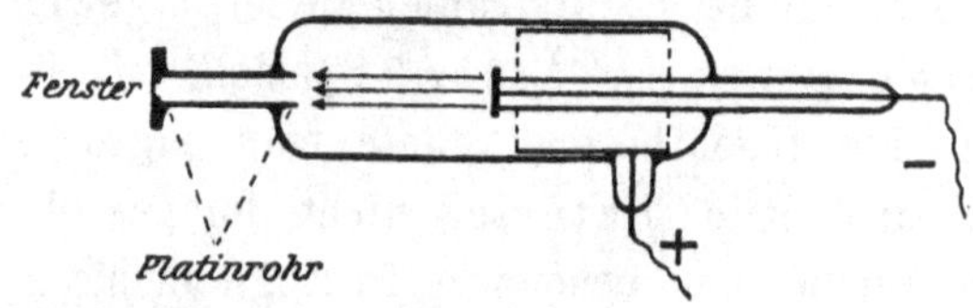

Abb. 9 (etwa 1/4 natürl. Gr.).

Kaum der Rede wert an sich, aber doch nicht unwesentlich für die Weiterentwicklung unseres Gegenstandes war es, daß ich noch vor jener Unterbrechung eine neue Form des Entladungsrohres von viel leichterer Anwendbarkeit geplant, soweit es mir noch möglich war geprobt, und sogleich zur Anwendung empfohlen und allgemein verfügbar gemacht hatte (18b S. 228). Hier (Abb. 9) ist der Fensterverschluß an einem Platinrohr angebracht, welches seinerseits in das Glas geschmolzen ist; die umfangreichen Kittungen, welche den Gebrauch des Rohres oft sehr beschwerlich machten, sind vermieden.[23] Diese Form der Röhre besaß aber noch eine besondere, damals nicht vorauszusehende Eigenschaft.

[23] [Es war eigentümlich, daß, als es mir endlich gelungen war, einen Glasbläser zur Herstellung dieser Röhre zu bewegen und ihm über die ersten Mängel in der Ausführung hinwegzuhelfen, mir die Mittel fehlten, ein vollkommenes Exemplar des Rohres anzuschaffen, und später dann die Zeit und sonstige Gelegenheit der Benutzung. Die in (19) und (21) verwerteten Versuche über magnetische Ablenkbarkeit und Absorption waren größtenteils bereits 1894 ausgeführt unter ausschließlicher Benutzung des Rohrs Abb. 3, das ich selbst herzustellen vermochte.]

Es treffen in ihr die intensiven Kathodenstrahlen die große Fläche des Platins, desjenigen Metalls, welches, wie man heute weiß, sie am besten in die — damals noch nicht bekannten — RÖNTGENschen Strahlen verwandelt.[24] Diese Strahlen entstehen daher hier in besonders großer Menge, und sie haben außerdem Gelegenheit, durch das Fenster, vermischt mit den Kathodenstrahlen, oder auch für sich allein neben demselben in den Beobachtungsraum zu dringen, was bei der früheren Röhrenform durch die quer zu den Strahlen stehende, große und dicke Metallkapsel verhindert war (27).[25] Die nun alsbald erfolgende Entdeckung jener Strahlen durch RÖNTGEN (22), den ersten Benutzer der eben beschriebenen

[24] [Man kennt heute (mit Sicherheit erst seit 1912) auch die Natur dieser Strahlen; sie sind äußerst kurze Ätherwellen, daher auch Hochfrequenzstrahlen zu nennen. (Anfänglich schien es, als seien sie Kathodenstrahlen von äußerst geringer Ablenkbarkeit, vgl. S. 38 des Vortrags und (27).) Gerade die große Intensität der Kathodenstrahlen bei hoher Geschwindigkeit, woraufhin das Rohr Abb. 3 oder 9 konstruiert war (s. Note 12) mußte es geeignet machen zur Auffindung dieser neuen Strahlen. Spätere Vergleiche mit käuflichen Fokusröhren nach CROOKES, bei denen eine hohle Kathode ihre konzentrierten Strahlen ebenfalls auf Platin sendet, zeigten die von letzterem ausgehende Hochfrequenzstrahlung so schwach, daß man sich nicht zu wundern braucht, daß diese Röhren, obgleich schon seit 15 Jahren käuflich, nicht zur Entdeckung der Hochfrequenzstrahlen geführt hatten. Kommt auch das Platin in diesen Röhren zum Glühen, was das Vorhandensein sehr intensiver Strahlen unzweifelhaft macht, so ist doch die Geschwindigkeit der Strahlen meist zu niedrig, und damit die entstehende Hochfrequenzstrahlung zu stark absorbierbar, als daß sie außerhalb der Röhre leicht merklich hätte werden können. Überdies war die Aufmerksamkeit vorher auch niemals auf das Äußere des Rohrs gelenkt worden, und Abänderungsversuche im Innern des Rohres bedurften wegen der damit verbundenen Umständlichkeit immer eines besonderen Entschlusses.]

[25] [Ich habe Wert darauf gelegt, nachträglich in der Literatur auftauchende Zweifel an der Reinheit meiner Kathodenstrahlbeobachtungen zu beseitigen (27, S. 257), die nahelegen wollten, daß die Kathodenstrahlen der Fensterröhre Abb. 3 mit wesentlichen Anteilen von Hochfrequenzstrahlen vermischt gewesen sein mochten. Die Zweifler (z. B. STOKES in „The annual Address of the Victoria Institute“, 1896, wo übrigens manches Unzutreffende berichtet wird) hätten sich allerdings ohne weiteres sagen können, daß mir dann die Entdeckung der Hochfrequenzstrahlen auch nicht hätte entgehen können. In Wirklichkeit besaß ich wohl Anzeichen unverständlicher Nebenerscheinungen, die ich als Ausgangspunkte weiterer Unternehmungen — die mir freilich dann rechtzeitig nicht beschieden waren — sorgfältig hütete und die in der Tat Wirkung spurenweise im Beobachtungsraum vorhandener Wellenstrahlung waren. Aber selbst mittels des stark auf die Hochfrequenzstrahlen reagierenden Baryumplatincyanürs — das mir zur rechten Zeit fehlte — sind die Anzeichen dieser

Röhrenform, ist sehr allgemein als besonderes Beispiel einer Zufallsentdeckung angesehen worden. Jedoch, gegeben die Röhre, die Aufmerksamkeit des Beobachters bereits abgelenkt von ihrem Inneren auf die äußere Umgebung, die Anwesenheit von Phosphoreszenzschirmen daselbst bedingt durch den Zweck der Röhre, schien es mir, daß diese Entdeckung an eben diesem Punkte der Entwicklung ganz notwendigerweise erfolgen mußte.

Bei der Wiederaufnahme meiner Versuche wandte ich mich bald ausschließlich einem bereits von HERTZ (7b S. 275) und SCHUSTER (13) entwickelten Gedanken zu, der in bezug auf die Natur der Kathodenstrahlen von Anfang an mir höchst wichtig erschienen war und zu dessen einwandfreier Durchführung ich daher schon in der ersten Periode meiner Versuche Anfänge gemacht hatte.[26] Es war seit HITTORF schon bekannt, daß Kathodenstrahlen vom Magneten abgelenkt werden (2); außerdem konnte GOLDSTEINS auch schon länger bekannte Deflexion (4) der Kathodenstrahlen als eine Beeinflussung der Strahlen durch elektrische Kräfte gedeutet werden. Beide, die magnetische Ablenkung und die elektrische Deflexion der Strahlen verlaufen nun ganz in dem Sinne, als bestünde der Kathodenstrahl aus fortgeschleuderten, negativ elektrisch geladenen Massen, und aus messenden Versuchen über die Größe der magnetischen und der elektrischen Beeinflussung eines Strahles kann man auch die Geschwindigkeit der gedachten Massen und außerdem die von der Masseneinheit getragene elektrische Ladung (das Verhältnis von Ladung zur Masse) berechnen. Dies war es, was HERTZ und SCHUSTER sogar bereits ausgeführt hatten, allerdings mit einander entgegengesetzten Re-

Strahlen beim Fensterrohr Abb. 3 mit der dicken, senkrecht zu den Strahlen stehenden Wand nur sehr schwach; anders beim Rohr mit dem Platinansatz Abb 9 oder auch wenn sonst stark absorbierende Körper im Rohrinnern von den Kathodenstrahlen so getroffen werden, daß sie Lochkammerbilder durchs Fenster nach außen entwerfen können. Letzteres war aber für gewöhnlich beim Rohr Abb. 3 nicht der Fall; denn die kleine Blende innen beim Fenster hatte ich bald weggelassen, da sich zeigte, daß das Fenster auch ohne dieselbe nicht litt.]

[26] [Vgl. Anhang IIIb.]

sultaten. Hertz fand seine Beobachtungen unvereinbar mit der Annahme fortgeschleuderter Gasmoleküle, Schuster fand die seinigen sehr wohl damit vereinbar und betrachtete sie daher als Stütze dieser Annahme.[27]

Dieser Widerspruch schien mir kein Wunder. Denn beide Beobachter waren auf das Innere des Entladungsrohres angewiesen gewesen; sie konnten durch die Komplikationen des Erzeugungsprozesses und die Anwesenheit des Gases getäuscht worden sein, wie sie sich denn auch in der Tat beide selber mit Reserve ausdrücken. Es war an der Zeit, diese wichtigen Versuche unter reinen Verhältnissen, also außerhalb des Entladungsrohres und im äußersten Vakuum, anzustellen, und man durfte besonders gespannt sein auf den Ausfall. Denn wissen wir bereits, daß die Strahlen Äthervorgänge, nichts Materielles sind, so mußte es geradezu wunderbar erscheinen, daß sie dennoch geschleuderte, negativ elektrisierte Gasmoleküle so täuschend nachahmten. Nichts Bekanntes hatte aus diesem Dilemma der geschleuderten Moleküle und der Äthervorgänge herausgeführt; jene Versuche sollten es nun tun; da mußten sie denn in jedem Falle völlig Neues zutage fördern.

Schon während der Fertigstellung der Versuche[28] sollte ich

[27] [Vgl. hierzu die Anhänge II und IIIb.]

[28] In Aachen unter Wüllners Institutsdirektion und Beihilfe (1896) wieder aufgenommen, waren dieselben durch nochmals wiederholten Wechsel von Professur und Arbeitsort erneut unterbrochen gewesen. [Wüllners Beihilfe bezog sich auf die Beschaffung der notwendigen zweiten Quecksilberluftpumpe aus den immerhin knappen Institutsmitteln, wozu sein Anerbieten ganz freiwillig erfolgte, nachdem er gesehen hatte, daß ich mich mit billig selbst herstellbaren, minderwertigen Pumpenkonstruktionen vergeblich abmühte. Als ich bald darauf von Aachen nach Heidelberg abberufen wurde, waren eben die beiden Pumpen gebrauchsfertig aufgestellt, um Entladungsrohr und Beobachtungsraum zu bedienen. Da ich vorläufige Versuche bereits in Bonn angestellt hatte (vgl. S. 86) und solche nicht für beweisend nahm und dementsprechend auch nicht veröffentlichen wollte, konnte die Versuchsanordnung bei der in Aachen zu Ende gehenden Zeit ihren Zweck für mich nicht mehr erfüllen; ich mußte sie in Heidelberg von neuem beschaffen, wozu mir das Badische Ministerium damals besondere Mittel bewilligte. Die Aachener Pumpen kamen meinem dortigen Nachfolger W. Wien zugute, der — mir unbewußt und ohne auch seinerseits von meinen Absichten zu wissen — dort eben dieselbe Experimentaluntersuchung aufnahm und dann durchführte, die ich gleichzeitig in Heidelberg fortsetzte. Eine vorläufige Veröffentlichung von W. Wien, ohne Zahlenangaben, kam vor meiner vollständigen Mitteilung heraus; seine eingehende Veröffentlichung erst nach derselben (vgl. Anhang IIIb).]

erfahren, daß auch Andere von deren Wichtigkeit bereits überzeugt waren. J. J. THOMSON trat zuerst hervor mit einer inhaltreichen Veröffentlichung über den Gegenstand (25).[29] Seine Versuche waren, wie die von HERTZ und SCHUSTER, in der Entladungsröhre ausgeführt. Den Gefahren der Täuschung durch das Mitspielen der erzeugenden Entladung suchte er durch Schutzvorrichtungen zu entgehen, den Mangel an Zuverlässigkeit wegen Anwesenheit des Gases durch weitgehende Variation der Versuchsbedingungen auszugleichen. Mir war es klar, daß alles, was noch folgen sollte, auf diesem Pfeiler werde ruhen müssen, vor welchem ich mich durch das Nichtübereinstimmen von HERTZ und SCHUSTER gewarnt hielt. Es schien mir, daß er vor seiner Benutzung für das Gebäude der Wissenschaft so direkt und so strenge geprüft werden sollte, als die vorhandenen Mittel es gestatteten. Ich führte daher meine Versuche zu Ende. Folgendes waren die Resultate (28).

Die Geschwindigkeit der angenommenen Massen war rund ein Drittel der Lichtgeschwindigkeit, und das Verhältnis von Ladung zu Masse war rund 1000mal so groß als bei einem Wasserstoffatom in der Elektrolyse, welches letztere Atom der leichteste materielle Elektrizitätsträger ist, den man kennt. Wären also die Strahlen geschleuderte Wasserstoffatome, so wäre ihre Ladung hier 1000mal so groß anzunehmen als in der Elektrolyse. Dieser Fall war jedoch durch meine früheren Versuche bereits ausgeschlossen, welche gezeigt hatten, daß die Strahlen Materielles nicht sind.[30] Vielmehr hatte ich jetzt weiter zu schließen, die

---

[29] [Ich habe von J. J. THOMSONS Veröffentlichung viel zu spät Kenntnis erhalten (meiner Erinnerung nach Anfang Dezember 1897, und zwar durch eine Abdrucksendung von seiten des Autors; erschienen war die Veröffentlichung in den beiden unter (25) angegebenen Formen im Mai bzw. Oktober 1897). Mir bewußt konnte sie also keinen Einfluß auf meine Arbeit haben, nur schloß ich dieselbe dann, als ich J. J. THOMSONS Veröffentlichung gesehen hatte, schneller ab, als es sonst der Fall gewesen wäre. Eine vollständige Aufzählung der Autoren, die außer J. J. THOMSON und mir nahe gleichzeitig mit dem Gegenstande sich beschäftigt hatten, gebe ich im Anhang III.]

[30] [Dieses Resultat meiner schon veröffentlichten Versuche (18) hatten auch J. J. THOMSON und die anderen Forscher, die nahe gleichzeitig auf gleichem Wege waren (vgl. Anhang III) als wesentlichen Anhaltspunkt zur Verfügung gehabt.]

Entdeckung bisher unbekannt gebliebener Teile des Äthers gemacht zu haben, welche elektrische Ladung bedeuten und wie träge Massen sich bewegen. — Die Geringfügigkeit der gefundenen Trägheit — $^1/_{1000}$ der Trägheit des Wasserstoffions, bei gleicher Ladung — und das sonstige Verhalten (30) dieser Teile des Äthers machte es leicht, sie mit dem zu identifizieren, was man längst unter dem Namen des „elektrischen Fluidums" sich vorgestellt hatte. Die Lösung des Dilemmas war also diese: Die Strahlen sind nicht geschleuderte elektrisch geladene Moleküle, sondern sie sind einfach geschleuderte Elektrizität. Was man nie glaubte gesehen zu haben: Elektrizität ohne Materie, elektrische Ladung ohne geladenen Körper, das haben wir also in den Kathodenstrahlen als bereits unter unseren Händen befindlich gefunden. Wir haben gewissermaßen die Elektrizität selbst entdeckt, ein Ding, über dessen Dasein oder Nichtdasein, über dessen etwaige Eigenschaften man seit Gilbert und Franklin vergeblich sich Gedanken gemacht hatte. Naiv hatten die alten Forscher, auch erst recht Coulomb noch, von den Elektrizitäten wie von etwas fast greifbar Vorhandenem gesprochen. Doch die Fülle der bekannten elektrischen Erscheinungen wuchs immer mehr an, ohne daß je jemand hätte behaupten können, von den angenommenen Elektrizitäten selber etwas bemerkt zu haben. So kam es — etwa ein Menschenalter nach Coulomb —, daß Faraday (1) und dann Maxwell (3) die Aufmerksamkeit völlig ablenkten von den Elektrizitäten, um sie auf die der Beobachtung zugänglichen elektrischen Kräfte zu konzentrieren. Diese Kräfte — als Zustände im Äther gedacht — haben in der Tat in den berühmten Versuchen von Hertz (9) so selbständig daseinsfähig sich gezeigt, daß man von da ab nur noch um so mehr sich geneigt fühlen konnte, ihre früher als unentbehrlich immer hinzugedachten Zentren, die Elektrizitäten, völlig zu vergessen. Nun — wieder etwa ein Menschenalter nach Faraday und Maxwell — hat sich das Bild etwas geändert; es ist vollständiger geworden. Wir haben in den Kathodenstrahlen ein Mittel erhalten, die Elektrizität ebensogut der Beobachtung zu unterziehen, wie früher die elektrischen Kräfte allein; wir können in diesen Strahlen die

Bewegungen der Elektrizität da- und dorthin verfolgen, auf meterlange Strecken, wenn wir wollen, und zwar direkt mit den Sinnen, ohne jede Zwischenschaltung theoretischer Schlüsse; wir können zusehen, wie sie unter verschiedenen Verhältnissen sich benimmt, welches ihre Eigenschaften sind; wir sind in den Stand gesetzt, den alten Namen „Elektrizität" mit einem der Erfahrung zu entnehmenden, neuen Inhalt zu versehen.

Dieser neue Inhalt, von dem wir heute schon manches haben, sieht nun in der Tat vielfach ganz anders aus, als man vorher sich hätte vorstellen mögen.

Vor allem muß hervorgehoben werden, daß alles, was wir von Elektrizität sagen, nur von der negativen Elektrizität gilt, nicht von der positiven, über welche letztere auch heute noch nicht gut reden ist. Man kann nicht sagen, daß man sie kenne; man kennt nur positiv geladene Materie, seien es Atome, Moleküle oder Molekülanhäufungen.[31] Wir bedienen uns daher der unitarischen Ausdrucksweise, und sagen: positiv geladen ist ein Stück Materie dann, wenn es negative Elektrizität verloren hat.

Betrachten wir nun also die negative Elektrizität, wie sie sich in unseren Versuchen zeigt. Wie müssen wir da vor allem über die Freiheit ihrer Bewegungen staunen, die man bisher nur im Innern metallischer Leiter vorhanden glaubte. Schon in der Entladungsröhre, mitten im Gase, versetzen wir diese Elektrizität durch die an die Elektroden gewandte Spannung in beschleunigte Bewegung (30), und alsbald hat sie ein Drittel Lichtgeschwindig-

[31] So haben sich beispielsweise die Kanalstrahlen und, soweit untersucht, auch die α Strahlen des Radiums als geschleuderte, positiv geladene Moleküle erwiesen. [Dies steht heute außer Zweifel; die positive Elektrizität ist Grundbestandteil aller Atome und kann aus diesen nicht entfernt werden, ohne das Atom zu zerstören, d. i. in ein anderes zu verwandeln (vgl. S. 45 u. 53). Dagegen können negative Elektrizitätsquanten aus Atomen entfernt werden, ohne daß das Atom eine tiefgehende, nicht unmittelbar wieder rückgängig zu machende Veränderung erfährt. Ein Atom oder Molekül, aus welchem ein oder mehrere negative Quanten entwichen sind, erscheint als positiv geladen; so in dem oben genannten Fall der Kanalstrahlen und der α-Strahlen, aber auch in dem der gewöhnlichen elektrolytischen Kationen.]

keit, 100 000 km in der Sekunde, erreicht, einen Kathodenstrahl darstellend. Nun trifft sie auf das Aluminiumfenster. „Daran wird sie haften bleiben und zur Erde fließen“, hätte man nach früher Bekanntem zu denken gehabt. Weit davon entfernt! sie durchfliegt die Metallplatte (28, S. 28) und zwar, wie ich mich habe überzeugen können, ohne nennenswerten Geschwindigkeitsverlust (19; 46, S. 479).[32] Jenseits des Fensters kann sie etwa vollständiges Vakuum finden, worin sie geradlinig ihren Weg fortsetzt, eine elektrische Strömung im leeren Äther darstellend, einen Vorgang, an dessen Möglichkeit man vorher ebenfalls durchaus gezweifelt hatte. Trifft sie schließlich ein Metallstück von genügender Dicke, so bohrt sie sich in dessen Inneres, um dort stecken zu bleiben und schließlich nach Beschreibung so außergewöhnlicher Wege als gewöhnliche Ladung an der Oberfläche des Metallstückes zu erscheinen (28).

Von besonderem Interesse ist die Frage, ob die Elektrizität kontinuierlich den Raum erfülle oder diskontinuierlich, ob sie Struktur besitze. Ich habe zwei entgegengesetzt gerichtete Kathodenstrahlen denselben Raum durchziehen sehen und bei quantitativer Untersuchung der Erscheinung nicht die mindeste gegenseitige Störung der beiden Strahlen bemerkt (44, S. 165). Dies sieht aus, als bestünde die Elektrizität dieser Strahlen aus diskreten, und zwar sehr kleinen Teilen mit viel freiem Raum zwischen ihnen. Die Teile selber können wir uns als gegenseitig so gut wie undurchdringlich vorstellen, denn sie müssen, sobald zwei derselben einander nur sehr nahe kommen, nach dem Coulombschen Gesetz enorme Abstoßungskräfte aufeinander ausüben.[33] Der beste Beweis von Struktur der Elektrizität ist aber von ganz anderer Seite her genommen und ist schon älter.

---

[32] [Der Geschwindigkeitsverlust ist in der Tat sehr klein bei großen Geschwindigkeiten; er wächst — auf gleicher Wegstrecke im selben Medium — mit sinkender Geschwindigkeit. Man kennt heute ziemlich genau seine Größe in Abhängigkeit von der Geschwindigkeit und vom Medium (vgl. „Quantitatives über Kathodenstrahlen“, Spezieller Teil I).]

[33] [Ob das Coulombsche Gesetz, das nur für große Anhäufungen von sehr vielen Elektronen nachgewiesen ist, auch für einzelne Elektronen genau gilt, muß allerdings zweifelhaft erscheinen. Man kann dazu sagen, einerseits

Wir kommen da zur Erwähnung des Anschlusses unserer Befunde an schon vorher Bekanntes. Nur weniges und bis dahin vereinzelt dastehendes war es, was sich da zum Anschluß bot, und es bezog sich auf Vorgänge in und an einzelnen Atomen, also auf unmittelbar nicht Kontrollierbares, aber der Anschluß war ein sehr guter und fruchtbarer.

Helmholtz hatte in seiner zum Gedächtnis Faradays gehaltenen Rede bereits vor Jahren darauf aufmerksam gemacht, daß es in den Erscheinungen der Elektrolyse genau so sich verhalte, als wäre die Elektrizität in bestimmte Teile von immer gleichbleibender Größe abgeteilt, ganz wie die Materie in Atome abgeteilt uns gegeben ist (6). Dies war jene schon vorhanden gewesene Anzeige von Struktur der Elektrizität, vom Bestehen bestimmter elektrischer Atome, elektrischer Elementarquanten, wie Helmholtz sie nannte.[34]

Von der Seite der Optik her hatte weiterhin die schon durch Hertz' berühmte Versuche (9) als unabweislich gegebene Anschauung, daß jedes leuchtende Atom als ein elektrischer Oszillator anzusehen sei, plötzlich greifbare Gestalt erhalten durch die Entdeckung von Zeeman, der zusammen mit Lorentz aus seinen Beobachtungen schließen konnte, daß es negativ[35] — nicht positiv — elektrische Masse sei, welche in den leuchtenden Atomen einer

---

daß die bisherigen Vergleichungen der neueren Atommodelle mit der Erfahrung keinen Mangel an Gültigkeit des Gesetzes zutage gefördert haben, andererseits aber — und dies scheint mir viel direkterer Anschluß an die Erfahrung zu sein —, daß das Verhalten der Atome den Kathodenstrahlen gegenüber keinesfalls kontinuierliche Erfüllung des Atominnern mit elektrischen Kraftfeldern anzeigt, wie es nach dem Coulombschen Gesetz der Fall sein müßte (vgl. „Quantitatives über Kathodenstrahlen", S. 138, 245). Eine Vorstellung vom elektromagnetischen Kraftfeld, welche solche Diskontinuität enthält, habe ich früher entwickelt („Über Äther und Materie", Heidelberg, Verlag Winter, 1911).]

[34] Ich erinnere mich, diesen Ausdruck in seiner im Sommersemester 1885 gehaltenen Experimentalvorlesung wiederholt von ihm gehört zu haben. [Vgl. dazu Anhang IV.]

[35] Merkwürdigerweise war in Zeemans ersten Veröffentlichungen „positiv" — statt negativ — gedruckt zu lesen (24 S. 18), was die Beziehung seiner Entdeckung zu den Kathodenstrahlen seinerzeit nicht so schnell ersichtlich werden ließ.

Natrium- oder anderen Metallflamme schwinge[36], und daß ein bestimmt angebbares Verhältnis zwischen Ladung und Masse des Schwingenden vorliege (24). Das Verhältnis war von derselben Größe, wie es kurz danach in der erwähnten Weise an den Kathodenstrahlen gefunden wurde.

Da lag der Gedanke nahe, daß es sich in all diesen Fällen, bei den Ionen der Elektrolyse, in den leuchtenden Metallatomen und in den Kathodenstrahlen, ja vielleicht dann auch überall, wo Elektrizität eine Rolle spielt, um dieselben elektrischen Elementarquanten handeln könnte, von deren Existenz zuerst Faradays elektrolytisches Gesetz Anzeige gegeben hatte und von welchen dann die Kathodenstrahlen auch noch weiterhin vermehrte Kenntnis zu liefern fähig wären. Dieser Gedanke hat sich bewährt[37], dermaßen, daß aus ihm ein neuer Zweig der Physik hervorgewachsen ist, von viel Fruchtbarkeit und schon heute von solchem Umfange, daß es einem einzelnen, der im wesentlichen nur über seine eigene Arbeit berichten will, nicht weiter zukommen kann, in Allgemeinheit davon zu reden. Nur dreierlei sei mir erlaubt zu erwähnen:

Erstens, als eine erste wichtige quantitative Probe unserer Schlüsse, die von Wiechert durchgeführte direkte experimentelle Messung der Fortpflanzungsgeschwindigkeit der Kathodenstrahlen, wobei sich dieselbe gleich ergab der aus den elektrischen und magnetischen Ablenkungen wie angegeben berechneten, rund ein Drittel Lichtgeschwindigkeit (29).

Zweitens, Kaufmanns experimentelles, auf Grund der von J. J. Thomson und exakt von Heaviside angebahnten Überlegungen (10) erhaltenes Resultat über die elektrischen Elementar-

[36] [„Springe“ — nämlich von einer Bahn in eine andere — würde man nach heutigem Stand der Atommodelle lieber sagen. Die Frage nach der Funktion des „Emissionselektrons“ im Atom erscheint im Augenblick verwickelter als zur Zeit des Vortrags; — vielleicht aber ohne tieferen Grund, da die Berechner von Atommodellen meist viel zu wenig Kenntnis nehmen von längst beobachteten Tatsachen.]

[37] [Die Gründe, warum ich der Annahme des Auftretens von Bruchteilen elektrischer Elementarquanten nicht zuzustimmen vermag, habe ich gelegentlich einer anderen Untersuchung angegeben (Ann. d. Phys., 60, S. 335, Fußnote, 1919).]

quanten, daß nämlich deren Masse, deren Trägheit rein elektromagnetischer Natur sei (55), ein Resultat, daß wir auch so interpretieren können: Wir haben kein Anzeichen davon, daß die (negative) Elektrizität ein besonderer mit Trägheit begabter Stoff sei; nur als ein Zustand erscheint sie, und zwar genau als derjenige Zustand des Äthers, welchen wir seit Faraday (1), Maxwell (3) und Hertz (9) unter dem Namen des elektrischen Kraftfeldes in der Umgebung elektrisierter Körper immer schon anzunehmen gewohnt waren, ein Zustand, welcher nach Hertz (20) und Bjerknes (33) in verborgenen Bewegungen des Äthers bestehen könnte.[38] Auch an den reinen Elementarquanten der Elektrizität hat sich also nichts weiter gezeigt als nur jener Ätherzustand in ihrem Umkreise. Da erscheinen uns denn diese Elementarquanten selbst ganz im Maxwellschen Sinne als die vielleicht leeren und nur rein geometrischen Zentren der elektrischen Kräfte, nur daß wir behaupten können, jetzt mit Erfolg imstande zu sein, diese Zentren einzeln zu betrachten, sie auf ihren Wegen zu verfolgen und Fragen zu stellen nach den geometrischen Verhältnissen ihrer Größe, ihrer Form. Die Kathodenstrahlen, die fortgeschleuderten Zustandszentren, erscheinen uns nach diesem Ergebnis mehr denn je als das, wofür sie sich uns von Anfang an gezeigt hatten: als reine Äthervorgänge.

Drittens müssen wir die Namen nennen, welche man den gefundenen Teilen der Elektrizität, jenen Zustandszentren, gegeben hat: „Elementarquanten der Elektrizität" oder kurz „Quanten" habe ich sie im Anschluß an Helmholtz genannt; von „Kor-

[38] [Es ist dies weiter ausgeführt in „Über Äther und Materie" (Heidelb. Akad. 1911). Ausgehend von solchen Anschauungen habe ich bereits 1898 Versuche angestellt über etwaiges Zurückbleiben der Beschleunigung von Kathodenstrahlen gegenüber der beschleunigenden Kraft, wenn die Geschwindigkeit bereits sehr groß ist. Die Resultate waren damals negativ (30, S. 504), und erst Kaufmann gelangte 1906 zu den erwarteten positiven Resultaten (55, vgl. auch Anhang IIIb), die man dann als Abhängigkeit der Masse von der Geschwindigkeit deutete. Quantitativ werden Kaufmanns Messungen, soweit heute zu sehen, mittels des (speziellen) Relativitätsprinzips gut dargestellt (Planck, D. Phys. Ges., 8, S. 140, 1906). Es schließt dies aber spätere Rückkehr zu noch zu verbessernder Einsicht in zugrunde liegende Äthervorgänge nicht aus.]

puskeln" spricht J. J. THOMSON, von „Elektrionen" Lord KELVIN; Trivialname ist aber der auch von LORENTZ und ZEEMAN bevorzugte Name „Elektronen" geworden.

Wir haben bisher von den fertigen Kathodenstrahlen gesprochen; jetzt wollen wir eingehen auf die Arten ihrer Entstehung, ihrer Erzeugung.

Die älteste, lange als einzige bekannte Erzeugungsart, die wir auch im bisherigen ausschließlich benutzt haben, ist die in der Entladungsröhre. Hier entstehen die Strahlen, wie es ihrem Namen entspricht, an der Kathodenplatte. Durch eine Wirkung — Nähewirkung, wie ich sie nenne (53) — der unter dem Einfluß der vorhandenen elektrischen Kräfte stehenden Gasmoleküle auf das Elektrodenmetall werden Quanten aus dem letzteren herausgezogen.[39] Sobald sie frei sind, unterliegen sie den beschleunigenden Kräften des Feldes zwischen den Elektroden und bewegen sich daher mit wachsender Geschwindigkeit von der Kathode weg; der Strahl ist fertig. Seine Endgeschwindigkeit, mit welcher wir ihn etwa durch ein Fenster aus der Röhre herauslassen, ist gegeben durch die Größe der angewandten elektrischen Spannung; und eben darin, daß tatsächlich diese ganze Spannung, nicht etwa nur ein Bruchteil derselben, für die Endgeschwindigkeit bestimmend ist, liegt der Beweis dafür, daß der Ursprung

[39] [Es kommt darauf an, daß bereits positiv geladene Gasmoleküle — Träger — im Rohre sind. Diese werden im elektrischen Felde gegen die Kathode getrieben und üben an deren Oberfläche die Nähewirkung aus. Fehlen die positiven Träger im Rohr, so „spricht dasselbe nicht an", d. h. es kommt trotz genügender angelegter Spannung keine Entladung zustande. Ist die Entladung aber einmal eingeleitet, so kann es nicht mehr an positiven Trägern fehlen, denn die Kathodenstrahlen erzeugen deren sehr viele durch Sekundärstrahlung im Gase (vgl. S. 55); kurz aufeinanderfolgende Entladungen gehen daher stets leicht und regelmäßig durch die Röhre. Ist die Kathode durchlöchert, so können die herangezogenen positiven Träger durch dieselbe hindurchfahren; sie kommen dann auf der anderen Seite der Kathode als „Kanalstrahlen" zum Vorschein. Diese Erklärung der Entstehung der Kathodenstrahlen in der Entladungsröhre war gegeben, sobald die Verwertung der vollen Entladungsspannung für die Strahlgeschwindigkeit feststand (vgl. die nächstfolgende Fußnote und den Anhang IIIb), während gleichzeitig bereits die Natur der von GOLDSTEIN (4) entdeckten Kanalstrahlen festgestellt war (W. WIEN, 1898.)]

des Strahles an der Kathodenoberfläche, nicht etwa mitten im Gas zu suchen ist.[40] Je nach der Größe der angewandten elektrischen Spannung können wir in dieser Weise beliebig schnellere oder langsamere Kathodenstrahlen erzeugen, und wenn wir bisher von $^1/_3$ Lichtgeschwindigkeit gesprochen haben, so galt dies nur für die eine, bestimmte Spannung, etwa 30000 Volt, welche ich bei meinen Versuchen gewöhnlich anwandte und einhielt (vgl. 30).

Wie würden sich nun schnellere, wie langsamere Strahlen verhalten? Es war hierüber schon frühe, aus meinen ersten Versuchen, in welchen ich die Spannung und also die Geschwindigkeit probeweise ein wenig variierte, etwas vorauszusagen (18b, S. 266; 19; 21, S. 261). Von sehr schnellen Strahlen war die interessante Eigenschaft sehr geringer Absorbierbarkeit (großer Penetranz) zu erwarten[41]; die langsamen Strahlen versprachen dagegen am besten Auskunft zu geben über die Kräfte der Atome, die Konstitution der Materie. Die Durchführung reiner Versuche in genügend weitem Geschwindigkeitsbereich schien jedoch lange eine Unmöglichkeit. Denn die für sehr schnelle Strahlen nötigen, großen Kräfte hielt das Glas der Entladungsröhren nicht aus, und

[40] Es war dies eine bei manchen früheren Untersuchungen über Kathodenstrahlen zunächst willkürlich gemachte Annahme; der angegebene Beweis für ihre Richtigkeit ist im Laufe der Zeit mit immer wachsender Genauigkeit geliefert worden, am genauesten wohl von A. Becker (52, S. 404). [S. dazu Anhang IIIb.]

[41] Als die Röntgenschen Strahlen entdeckt wurden, schien diese Erwartung in ihnen sich zu erfüllen; ihre zuerst bekannt gewordenen Eigenschaften stimmten mit dem, was nach meinen Versuchen für schnellste Kathodenstrahlen zu erwarten gewesen wäre (27). Erst die wohl zuerst überzeugend schon von Righi gemachte Beobachtung, daß die Röntgenschen Strahlen negative Ladung nicht mit sich führen (23), hatte die Hypothese, daß sie schnellste Kathodenstrahlen seien, als unhaltbar gezeigt. Man hält sie heute für kurze, transversale Ätherstöße, eine Art ultra-ultravioletten Lichtes [was seit dem ersten Erscheinen des Vortrags besonders durch die Beobachtungen der Kristallinterferenzen durch Laue 1912 vollauf bestätigt ist]. Daß solche Ätherstöße bei starker Absorption von Kathodenstrahlen, wie beispielsweise im schweren Platin, in der Tat entstehen können, folgt, wie von Heaviside zuerst entwickelt, aus Maxwells Theorie (10), und daß äußerst kurzwelliges, ultraviolettes Licht ungebrochen durch Prismen gehen werde, hat Helmholtz bereits in seiner Dispersionstheorie voraussehen lassen (17c, S. 517). — Verwirklicht haben sich jene erwarteten wenig absorbierbaren Kathodenstrahlen erst in den Strahlen des Radiums.

die langsamen Strahlen waren wohl leicht in der Röhre zu erzeugen, kamen aber durch das Fenster nicht heraus; sie waren zu absorbierbar. Auch anderes versagte.[42]

Beide Probleme, das langsamster und das schnellster Strahlen, fanden schließlich auf ganz neuen Wegen ihre Lösung.

Eine Entdeckung von Hertz — schon aus dem Jahre 1887 (8) —, bald darauf von Hallwachs vervollständigt (11), hatte gezeigt, daß Metallplatten durch bloße Beleuchtung, namentlich mit ultraviolettem Licht, negative Elektrizität in die Luft abgeben. Diese merkwürdige Tatsache — heute meist als lichtelektrische Wirkung bezeichnet — nahm gleich damals mein Interesse gefangen und hielt es auch seitdem fest. Gemeinschaftlich mit dem Astronomen Wolf ausgeführte Versuche zeigten mir zunächst, daß das ultraviolette Licht die Körper rauh mache, zerstäube (12; 46, S. 490). Spätere Versuche ließen es mir aber unwahrscheinlich werden, daß Metallpartikel die negative Ladung von der Platte forttrügen[43]; ich kam vielmehr bereits zur Zeit meiner ersten Versuche über die Kathodenstrahlen, als ich gefunden hatte, daß die Luft vor dem Aluminiumfenster leitend wird (18), zu der Vorstellung, es könnten Kathodenstrahlen durch

---

[42] Ich hatte u. a. statt des Fensters enge Kanäle zwischen Erzeugungsraum und vollständig evakuierten Beobachtungsraum zu schalten versucht; sie ließen aber zu viel Gas durch. [Die inzwischen erheblich leistungsfähiger gewordenen Pumpen erlaubten später W. Wien in dieser Weise Kanalstrahlen ins äußerste Vakuum zu senden, um so reine Versuche mit denselben anstellen zu können, die für die Kenntnis dieser Strahlen von großer Wichtigkeit geworden sind. Auch hat W. E. Pauli ähnlich mit Kathodenstrahlen verfahren können.]

[43] [Einer dieser Versuche. der bereits im Dezember 1890 ausgeführt wurde, findet sich in (32) beschrieben. Die ursprünglichen, auch mittels des Dampfstrahls beobachteten Zerstäubungswirkungen (12) klärten sich später dahin auf, daß der Staub, welchen der Dampfstrahl anzeigte — in der Hauptsache jedenfalls — nicht von den ultraviolett bestrahlten Metallen stammte, sondern daß er durch das ultraviolette Licht in der Luft erzeugt wurde (vgl. 35, und ausführlich: „Über Wirkungen sehr kurzwelligen Lichtes auf Gase", IV, S. 25, V S. 53, 1911). Die mehrfach verbreitete Annahme, daß der Dampfstrahl nur die Elektrizitätsträger („Ionen") in der Luft angezeigt habe, trifft nicht zu (s. „Probleme komplexer Moleküle", III, S. 62 u. ff.).]

das ultraviolette Licht aus der Platte in die Luft getrieben werden. Ich bemühte mich aber damals und auch später wiederholt vergeblich, die erwarteten Strahlen im Vakuum auf Phosphoreszenzschirmen zu finden.[44] Erst der auf Grund von Righis Arbeiten (14) gefaßte Entschluß, das Elektrometer an Stelle des Phosphoreszenzschirmes zu benutzen, brachte die Existenz der Strahlen zum Vorschein. Hier ist der benutzte Apparat (Abb. 10). *U* ist die Platte, welche belichtet werden soll, sie befindet sich

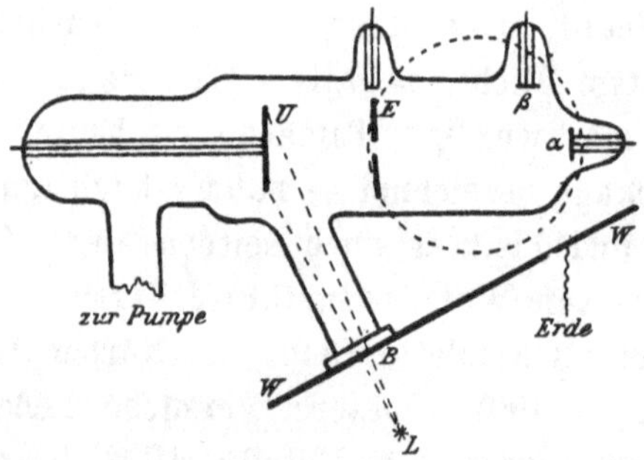

Abb. 10 (etwa 1/3 natürl. Gr.; aus 32, 1899).

im vollständigen Vakuum; der Quarzverschluß bei *B* läßt das ultraviolette Licht ein. Von *U* aus gehen dann die Kathodenstrahlen, von welchen die Gegenplatte *E* mit dem Loch ein schmales Bündel aussondert. Dieses Bündel trifft die kleine Platte α, welche die von dem Bündel mitgebrachte negative Ladung sammelt und dadurch die Existenz der Strahlung am Elektrometer anzeigt. Wir nähern der Röhre in geeigneter Weise einen Magneten oder die punktierte Stromrolle und finden nun die Ladung auf der Platte β statt auf α, zum Zeichen, daß der

[44] [Den ersten Versuch hierzu habe ich am 16. Oktober 1894 angestellt; es war ein Ketonschirm zusammen mit einem geerdeten Draht einer stark negativ geladenen, geschmirgelten, funkenbelichteten Aluminiumplatte in verdünnter Luft gegenübergestellt worden (ein Erdalkaliphosphorschirm wäre günstiger gewesen). Es war dies der letzte vieler geplanter Versuche, den ich vor der (auf S. 26 im Vortrage erwähnten) großen Unterbrechung meiner experimentellen Arbeit noch ausführen konnte. Später kam dann, von neuem bestärkend, auch die Erkenntnis hinzu, daß Kathodenstrahlen wesentlich Träger negativer Ladung sind (28), was zusammen mit der oben erwähnten, schon älteren Righischen Arbeit die Neuaufnahme der Versuche veranlaßte.]

unsichtbare Strahl auch wirklich vom Magneten abgelenkt wird, und zwar in dem für Kathodenstrahlen richtigen Sinne. Die quantitative Durchführung des Versuchs zeigte, daß die Ablenkung auch von richtiger Größe ist, daß dasselbe Verhältnis zwischen Ladung und Masse der Quanten vorliegt, wie auch bei den in Entladungsröhren erzeugten Strahlen (32; 44, S. 150; 46).

Sobald in dieser Weise die Erzeugung von Kathodenstrahlen durch ultraviolettes Licht außer Zweifel gesetzt und ihr Verhalten genügend bekannt geworden war, gelang es mir auch schnell, sie auf Phosphoreszenzschirmen wahrzunehmen (44) und dann weiter zu verfolgen und zu benutzen, worauf wir noch zurückkommen. Zur Erzeugung selbst sei noch folgendes bemerkt.

Erstens, daß sie — was für reine Versuche wichtig ist — auch im vollständigen Vakuum stattfindet, wo die gewöhnliche Erzeugungsweise versagt. Anwesenheit eines Gases ist nicht nötig, stört aber auch die Erzeugung nicht. Wir haben es eben mit einer unmittelbaren Wirkung des Lichtes auf das Metall der Platte zu tun. Die Anfangsgeschwindigkeiten, mit welchen die Quanten aus der Platte treten, sind so gering, daß schon einige Volt negativer Ladung an der Gegenplatte genügen, um sie vor Erreichung dieser letzteren zur Umkehr zu zwingen. Sie gelangen dann wieder zurück zur belichteten Platte, wie ein aufwärts geworfener Stein wieder zurückfällt zur Erde (32; 44).[45]

Wir erhalten also hier äußerst langsame Kathodenstrahlen; wollen wir schnellere haben, so brauchen wir nur die Gegenplatte positiv zu laden. Durch die Stärke der elektrischen Spannung

[45] Meine erste, ausführliche Mitteilung über den Gegenstand (32) erschien in den Sitzungsberichten der Kaiserl. Akademie der Wiss. zu Wien vom 19. Oktober 1899. Im Dezember-Heft des „Philosophical Magazine“ desselben Jahres veröffentlichte J. J. Thomson Untersuchungen „On the Masses of the Jons in Gases at Low Pressures“, in welchen die lichtelektrische Wirkung eine Rolle spielt, ihr Sitz aber noch in dem der belichteten Platte benachbarten Gase gesucht wird, wie die Bemerkungen auf S. 552 dortselbst zeigen. In desselben Autors Buche „Conduction of Electricity through Gases“, 2. Aufl. 1903, S. 109, erscheint meine Veröffentlichung zeitlich um ein Jahr hinter die eben genannte des Autors verschoben, indem nicht das Original, sondern ein späterer Wiederabdruck (Ann. d. Phys., 2, S. 359, 1900; daselbst als Wiederabdruck aus den Wiener Ber. 1899 ausdrücklich gekennzeichnet) zitiert wird.

dieser Gegenplatte haben wir es in der Hand, beliebig die Geschwindigkeit der Strahlen zu regulieren.

Was zweitens die Art der Wirkung des ultravioletten Lichtes auf die Platte anlangt, so haben wir uns dieselbe so zu denken, daß die Lichtwellen das Innere der Metallatome der Platte in Erschütterung bringen. Daß Atome schwingungsfähige negative Elektrizität enthalten, haben wir als durch ZEEMANS Entdeckung erwiesen, bereits erwähnt. Wenn nun das Mitschwingen eines negativen Quants im Atom mit den Lichtwellen zu heftig wird, so fliegt das Quant heraus aus dem Atom[46] und damit auch aus der Platte; wir haben einen Kathodenstrahl.

Die Geschwindigkeit des Herausfliegens haben wir bereits als sehr gering angegeben. Ich habe aber außerdem gefunden, daß diese Geschwindigkeit unabhängig ist von der Intensität des angewandten ultravioletten Lichtes (44), [und dieses letztere Resultat legte die Vorstellung nahe, „daß das Licht bei dem Vorgange der Ausstrahlung des Quants nur eine auslösende Rolle spiele für Bewegungen, welche dann dauernd in voller Geschwindigkeit innerhalb der Körperatome vorhanden sein müßten“ (44, S. 150 und 170). Diese Vorstellung war auch im Einklang mit den Energievorräten, die man mindestens in den Atomen des Radiums — dessen Eigenschaften man damals eben anfing näher zu er-

[46] Es ist dies ein Vorgang, welcher in HELMHOLTZ' umfassender Dispersionstheorie bereits frühe vorgesehen sich findet (17c, S. 518). [Wie er im einzelnen im Innern der Atome abläuft, ist auch heute noch nicht völlig geklärt. Jedenfalls hat sich bisher gezeigt, zuerst auf Grund von Phosphoreszenzbeobachtungen, daß nicht einfache Resonanz des nachher das Atom verlassenden Quants vorliegt, sondern daß mindestens zwei Quanten zusammenwirken: eins, das die Energie der Lichtwelle aufnimmt und das „Resonanzelektron“ genannt werden kann, und ein zweites, das eigentliche „lichtelektrische Elektron“, das dabei entweicht (Literaturnachweise hierzu siehe in „Quantitatives über Kathodenstrahlen“, S. 188). Abgesehen von den noch nicht bekannten Einzelheiten werden die quantitativen Verhältnisse des Vorgangs im Endresultat durch den von EINSTEIN (Ann. d. Phys., 17, S. 146, 1905) gegebenen Zusammenhang zwischen Wellenlänge des wirkenden Lichtes (Lichtquant), Geschwindigkeit des Herausfliegens des Elektrons und Abtrennungsarbeit (einschließlich Austrittsarbeit) des Elektrons gut dargestellt. Der Zusammenhang besagt: Lichtquant = Abtrennungsarbeit + lebendige Kraft des entweichenden Elektrons. (Über Abtrennungs- und Austrittsarbeit siehe „Quantitatives über Kathodenstrahlen“, S. 172).]

kennen — seiner selbsttätigen Strahlung nach annehmen mußte, und sie schienen bestätigt durch die Feststellung, daß die lichtelektrische Wirkung auch bei der Temperatur der flüssigen Luft mit unveränderten Anfangsgeschwindigkeiten statthat (A. LIENHOP, 1906 und später andere Autoren). Dennoch ist es nicht notwendig, an der Vorstellung festzuhalten, daß die kinetische Energie der lichtelektrisch entweichenden Elektronen, in der Hauptsache wenigstens, aus den Atomen des belichteten Körpers stamme, sondern die von PLANCK (1901) aus dem Studium der Strahlung heißer Körper gewonnene Einsicht, daß die Energie des Lichtes aus bestimmten Lichtquanten[47] zusammengesetzt sei, deren Größe durch die Wellenlänge des Lichtes bestimmt ist, lieferte einen anderen Ausweg zur Erklärung jener merkwürdigen Unabhängigkeit der Elektrongeschwindigkeit von der Lichtintensität. Man durfte annehmen, daß intensiveres Licht deshalb keine größeren Elektrongeschwindigkeiten gebe, weil ein Elektron doch immer nur von einem Lichtquant befreit werde und weil intensiveres Licht nicht größere, sondern nur mehr Lichtquanten der zur bestimmten Wellenlänge gehörigen Größe enthält. Hiermit stimmt auch die Abhängigkeit der lichtelektrischen Geschwindigkeiten von der Wellenlänge des wirksamen Lichtes überein,[48] sowie auch der Befund, daß lichtelektrische Wirkung stets nur von sehr kräftig absorbiertem Licht, also unter großem Verbrauch von Lichtenergie, ausgeübt wird (vgl. „Über Wirkungen sehr kurzwelligen Lichtes auf Gase", V., S. 3—7, Heidelberg 1911)].

Nicht nur auf den festen Aggregatzustand dürfen wir die betrachtete Wirkung des Lichtes als beschränkt ansehen. Auch die Moleküle bzw. Atome von Gasen erleiden eine ganz entsprechende Wirkung durch ultraviolettes Licht (35; 40); man darf annehmen, daß Quanten aus ihnen herausfliegen (49, S. 486); das Gas wird dadurch elektrisch leitend in einer Weise, auf die

[47] Diese Lichtquanten waren, ihrem Wesen nach, ursprünglich sehr im Dunkeln. Man kann es jetzt wohl als sicher betrachten, daß sie kohärente Ätherwellenzüge sind. (Näheres hierüber in „Über Relativitätsprinzip, Äther, Gravitation", Leipzig 1920, S. 27, 28.)

[48] Vgl. Fußnote 46 auf voriger Seite.

wir noch eingehen. Ist das Gas sauerstoffhaltig, wie die Luft, so entsteht dabei als ein Nebenprodukt auch noch Ozon (35).[49]

Dieselbe Wirkung des Lichtes, Kathodenstrahlen zu erzeugen, Atome zu zerschütteln, Quanten aus ihnen in Freiheit setzend, ist auch im Spiel bei der Phosphoreszenzerregung durch Licht (50, S. 671) und wohl also auch bei der Fluoreszenzerregung, vielleicht auch bei allen photochemischen Wirkungen.[50]

Erwähnt sei noch, daß nach den Untersuchungen von Curie und Sagnac (37), sowie Dorn (42), auch den Röntgenschen Strahlen, gleich dem ultravioletten Licht, die Wirkung zukommt, Kathodenstrahlen zu erzeugen, womit auch die Fähigkeit der Röntgenschen Strahlen übereinstimmt, Gase elektrisch leitend zu machen und Phosphoreszenz und photochemische Wirkungen zu erregen.[51] —

Kaum war durch das ultraviolette Licht für die Erzeugung der langsamsten Strahlen gesorgt, so fand auch das Problem der

[49] Man hat nach seitherigen Untersuchungen von Warburg Grund anzunehmen, daß auch die ergiebigste der heutigen Ozondarstellungsmethoden, die mit Hilfe der sogenannten stillen elektrischen Entladungen, ganz oder doch zum Teil durch das ultraviolette Licht dieser Entladungen wirke (48). — Die heute erhältlichen, reichen Quellen ultravioletten Lichtes, beispielsweise die elektrische Quecksilber-Quarz-Lampe, verbreiten so auffallenden Ozongeruch in ihrem Umkreise, daß diese Wirkung des ultravioletten Lichtes jetzt wohl Alltäglichkeit geworden ist. Nichtsdestoweniger scheint beispielsweise der meteorologischen Bedeutung der Wirkungen des ultravioletten Sonnenlichtes in den höheren Schichten der Atmosphäre (35, S. 504) noch nicht genügende Aufmerksamkeit geschenkt worden zu sein. [Inzwischen hierzu gelieferte Beiträge findet man bei Lenard und Ramsauer, „Über die Wirkungen sehr kurzwelligen Lichtes auf Gase", IV und V, 1911 und in der „Meteorol. Zeitschr." Heft 6, 1913.] — Ob auch die zuerst am Aluminiumfenster gefundene Ozonisierung durch Kathodenstrahlen (18) Wirkung des dort auftretenden Lichtes sei oder aber direkte Wirkung der Kathodenstrahlen, ist noch unentschieden. [Sie ist nach neueren Untersuchungen als Wirkung der Kathodenstrahlen aufzufassen; vgl. „Quantitatives über Kathodenstrahlen", S. 136.]

[50] [Vollständige Befreiung von Elektronen ist mit den chemischen Wirkungen des Lichtes im allgemeinen nicht verbunden (siehe Lenard und Ramsauer, „Über Wirkungen sehr kurzwelligen Lichtes auf Gase", V, S. 8, 9, 18, 22, 35, 1911).]

[51] [Alles dies stimmt auch vollkommen überein mit der seither gefestigten Erkenntnis, daß diese Strahlen äußerst kurzwelliges ultraviolettes Licht sind, weshalb wir sie auch als Hochfrequenzstrahlen bezeichnet haben (vgl. die Noten 24 u. 41).]

schnellsten Strahlen seine Lösung. Die Strahlen des Urans und Radiums waren bereits bekannt; Becquerel, P. und M. Curie waren auf dem Wege, diese ihre Entdeckungen weiter zu verfolgen. Durch Anwendung der vorgeschilderten, an den Kathodenstrahlen der Entladungsröhre in der angegebenen Weise ausgebildeten Methoden auf diese neuen Strahlungen gelang es zu zeigen, daß dieselben zum Teil Kathodenstrahlen sind (34; 36; 41),[52] und zwar — wie wunderbar! — Kathodenstrahlen von nahezu voller Lichtgeschwindigkeit (43). Was keine Entladungsröhre auszuhalten vermochte, das vollbringt also das Radiumatom — und ganz von selber —, nicht ohne freilich dabei völlig zugrunde zu gehen (51; 54).[53]

Nachdem so die ganze Skala aller Geschwindigkeiten von der Ruhe bis zur Lichtgeschwindigkeit zur Verfügung stand, lohnte es sich, auf das Verhalten der Materie den Strahlen gegenüber von neuem und näher einzugehen.

Wir haben aus der Trübung, welche alle Körper, z. B. auch die Luft, den Kathodenstrahlen gegenüber zeigten, bereits geschlossen, daß jedes Körpermolekül bzw. Atom als gesondertes Hindernis auf die Strahlen wirkt, als ein Hindernis, welches sie von ihrem Wege mehr oder weniger ablenkt. Wie haben wir uns nun diese Ablenkung vorznstellen? Prüfen wir zuerst, ob nicht etwa die Quanten der Strahlen an den Körpermolekülen reflektiert werden, sowie die Moleküle eines Gases aneinander reflektiert werden, wenn sie zusammenstoßen. Es würde dann ein gradliniger Kathodenstrahl in dem Gase auf diejenige Länge beschränkt sein, welche man als die mittlere freie Weglänge sehr kleiner Körperchen zwischen den Gasmolekülen nach den Angaben der kinetischen Gastheorie leicht und sicher berechnet.

---

[52] Es ist dies der gewöhnlich mit β bezeichnete Teil der gesamten Strahlung des Urans oder Radiums.

[53] [Man kennt heute genau die Zerfallsreihe des Radiumatoms und weiß, welchem der Zerfallsprodukte — die sämtlich, bis zum Blei, wieder neue Elemente sind — die oben hervorgehobene schnelle Kathodenstrahlung, die übrigens in ihrer Geschwindigkeitsverteilung recht komplex ist, zugehört.]

Diese Weglängen sind aber sehr klein; in Wasserstoff von 40 mm Druck z. B. etwa zwei Hundertel Millimeter. Über diese kleine Länge hinaus würde dann in diesem Gase ein gradliniger Strahl sich überhaupt nicht entwickeln können; das heißt, es würde so gut wie sofortige Diffusion erfolgen. So trübe sind nun aber die Gase bei weitem nicht, wie meine in Zeichnungen veröffentlichten Beobachtungen schon früher gezeigt hatten (18b). Selbst die atmosphärische Luft von vollem Drucke hat sich, wie wir bereits gesehen haben (Abb. 4), klarer gezeigt, und noch viel klarer ist

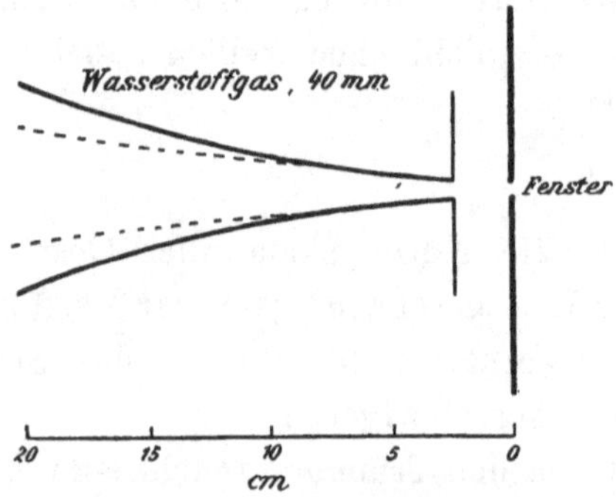

Abb. 11 (aus 18b).

das leichtere und außerdem auf den angegebenen Druck von 40 mm verdünnte Wasserstoffgas; Abb. 11 stellt den am Phosphoreszenzschirm beobachteten Strahlverlauf in ihm dar. Die punktierten Linien geben an, wie weit das geradlinige Licht unter gleichen Verhältnissen seitlich sich ausbreiten würde. Wir sehen, daß der Kathodenstrahl auf der Länge von 10 cm noch kaum merklich von dieser geradlinigen Ausbreitung abweicht, erst darüber hinaus geht er deutlich mehr in die Breite. Die Länge von 10 cm ist aber das 5000fache jener freien Weglänge von 0,02 mm. Hieraus folgt, daß hier die Strahlquanten 5000 Wasserstoffmoleküle quer durchfahren haben müssen, ehe sie die erste merkliche Richtungsänderung erfuhren.[54] Staunend sehen wir, daß wir über die alte Undurchdringlichkeit der Materie hinaus gekommen sind. Wohl

[54] [Verfeinerte Rechnung ergab 1600 Durchquerungen für eine mittlere Ablenkung von 10° aus der geradlinigen Bahn („Quantitatives über Kathodenstrahlen“, Tab. 19).]

beansprucht jedes Atom der Materie seinesgleichen gegenüber einen undurchdringlichen Raum für sich;[55] jedoch den feinen Quanten der Elektrizität gegenüber erweisen sich alle Atomsorten als sehr durchlässige Gebilde, wie aufgebaut aus feineren Bestandteilen mit vielen Zwischenräumen.

Welches sind nun diese feineren Bestandteile der Atome? Daß es bei allen Atomen die gleichen Bestandteile seien, nur in verschiedener Zahl vorhanden, haben wir bereits aus dem Gesetz der Massenproportionalität der Absorption geschlossen. Wir können nun näheres erfahren. Wir können die Quanten der Kathodenstrahlen als kleine Prüfkörperchen benutzen, die wir das Innere der Atome durchfahren lassen, daß sie uns dann Kunde von diesem Innern bringen.

Das Erste und Auffallendste, was ihnen auf solcher Reise passieren kann, die Ablenkung aus der geradlinigen Bahn, haben wir als Diffusion der Strahlen soeben schon betrachtet. Eine solche Ablenkung erfahren Kathodenstrahlen, soviel wir wissen, nur durch elektrische und magnetische Kräfte. Die Annahme magnetischer Kräfte innerhalb der Atome folgt unmittelbar aus der Annahme bewegter Elektrizität in den Atomen, führt also auch wieder auf elektrische Kräfte zurück. Wir haben also die

[55] Wenigstens bei den gewöhnlich vorkommenden Geschwindigkeiten der Moleküle. Für sehr große Geschwindigkeiten, wie sie bei den α-Partikeln des Radiums vorkommen, wäre nach den Anschauungen, zu welchen wir über die Konstitution der Atome gelangen, gegenseitige Durchdringlichkeit auch ganzer Atome, wenn auch vielleicht unter Zerstörung derselben, nicht ausgeschlossen. Neuere Untersuchungen von Bragg und Kleemann versprechen Auskunft hierüber.

[Diese Auskunft hat sich inzwischen ergeben: Die Durchdringlichkeit ist vorhanden; es gelang, α-Strahlen durch luftdichte Wände treten zu lassen, gleich den Kathodenstrahlen. Jenseits der Wand konnte dann Ansammlung von Helium nachgewiesen werden, zum Zeichen, daß diese Strahlen geschleuderte (positiv geladene) Heliumatome sind und zum Unterschied von den Kathodenstrahlen, die keine Anhäufung von Materie irgendwelcher Art ergaben, wenn sie ins vollständige Vakuum traten.]

[Was die Zerstörung von Atomen anlangt, wenn sie von anderen Atomen durchquert werden, so sei es, wie verlautet, Rutherford kürzlich (1920) gelungen, den Nachweis zu liefern, daß Stickstoffatome durch geschleuderte Heliumatome (α-Strahlen) zerspalten werden.]

Diffusion der Kathodenstrahlen in der Materie als ein Beweisstück für die Existenz elektrischer Kräfte im Innern der Atome anzusehen. Auf die Größe dieser Kräfte kann man schließen, wenn man die Größe der Ablenkung zusammen mit der Durchquerungszeit berücksichtigt, welche letztere von der Geschwindigkeit der Quanten und natürlich von der Raumgröße der Atome abhängt. Nehmen wir langsamere und langsamere Strahlen, so werden die Durchquerungszeiten länger, dementsprechend auch die beobachteten Diffusionen stärker (19 S. 30; 46 S. 480). Es ergeben sich, in dieser Weise berechnet, für das Innere der Atome elektrische Feldstärken von so außerordentlicher Größe, wie wir sie mit keinen uns bekannten Mitteln, mangels genügender Widerstandsfähigkeit auch der besten Isolatoren, jemals herstellen können, Feldstärken, gegen welche die bei den heftigsten Gewittern vorkommenden verschwindend klein sind (47). Da erscheinen die Kraftwirkungen des Radiumatoms schon nicht mehr so verwunderlich, sondern wir müssen uns vielmehr wundern, daß die meisten Atome hier um uns so ruhig sich verhalten und selbst bei der lichtelektrischen Wirkung oder anderen ähnlichen Anlässen von den Kraftvorräten ihres Innern nichts merken lassen.[56]

Das weitere quantitative Studium der Diffusion der Kathodenstrahlen in den verschiedenen Stoffen verspricht noch wertvolle Aufschlüsse zu geben über die nähere Beschaffenheit der elektrischen Felder der Atome.

Für jetzt müssen wir uns einem zweiten, etwas leichter zahlenmäßig zu verfolgenden Ereignis zuwenden, welches bei solchen Atomdurchquerungen eintreten kann. Leicht geschieht es nämlich, daß das Quant, nachdem es tausende von Atomen erfolgreich durchsetzt hat, schließlich in einem Atom doch stecken

[56] [Wir haben oben (S. 43) angegeben, daß die Energie lichtelektrisch aus Atomen entweichender Quanten in der Hauptsache nicht aus den Atomen, sondern vom absorbierten Licht stamme; es wäre aber immerhin verwunderlich, wenn weiter verfeinerte Beobachtungen nicht zeigen sollten, daß auch die Atomenergie, wenn auch nur in geringem Maße, mitbeteiligt ist.]

bleibt und nicht sobald wieder herauskommt. Dies ist die Absorption der Kathodenstrahlen. Ich habe dieselbe quantitativ verfolgt für die ganze Skala der verfügbaren Strahlgeschwindigkeiten und dabei folgendes gefunden (47).

Die Absorption nimmt mit abnehmender Strahlgeschwindigkeit fortwährend zu, wie die Diffusion. Dies ist auch zu erwarten, wenn die Absorption, wie die Diffusion, Wirkung der elektrischen und magnetischen Kraftfelder in den Atomen ist und wenn diese Kraftfelder um gewisse Zentren in den Atomen sich konzentrieren, in deren Nähe sie größere Intensität aufweisen als ferner von denselben, so wie die Stärke eines magnetischen Kraftfeldes in bekannter Weise um die zwei Pole herum sich konzentriert.[57] Ein Strahlenquant, welches derartige Felder mit beweglichen Zentren passiert, wird in denselben nur dann festgehalten werden, wenn es, seiner gegebenen Bahnrichtung nach, in genügend starke Teile dieser Felder gelangt; andernfalls wird es mit mehr oder weniger abgelenkter Richtung hindurchgelassen werden. Der ganze Querschnitt des Atoms, die Fläche, welche dasselbe einem Strahl gegenüberstellt, teilt sich daher in zwei Teile, in einen absorbierenden und einen durchlassenden, und der absorbierende Teil — welchen ich kurz absorbierenden Querschnitt nenne — ist nach meinen Messungen in Quadratzentimetern bekannt. Er liefert eine Angabe für die Ausdehnung derjenigen Teile der Kraftfelder des Atoms, deren Stärke das bestimmte Maß überschreitet,

[57] [Man darf allerdings nicht annehmen, daß die elementaren Kraftfelder im Innern der Atome gleich den Kraftfeldern gewöhnlicher, aus sehr vielen Atomen zusammengesetzter Magneten oder elektrisierten Körper beschaffen seien, sondern ich nehme an, daß von jedem Elektron nur eine Kraftlinie (als Ätherwirbelfaden) ausgeht, und daß auch die Magnetfelder einzelner bewegter Elektronen diskontinuierlich beschaffen sind (vgl. „Über Äther und Materie", 1911, S. 19). In der Tat hat eingehende Untersuchung des Durchgangs der Kathodenstrahlen durch Materie Zeichen von Diskontinuität der Kraftfelder im Innern der Atome gegeben, so daß es dort neben sehr starken Feldern auch Stellen gibt, welche hindurchgehende Elektronen ganz und gar unbeeinflußt lassen, so daß ihre Geschwindigkeit weder nach Größe noch nach Richtung irgendwelche Änderung erleidet („Quantitatives über Kathodenstrahlen", S. 183, 245). Das Obengesagte will nur in den Hauptzügen die Kraftwirkungen der Atome verständlich machen.]

welches zur Festhaltung der gegebenen Quantengeschwindigkeit eben genügt. Für langsamere und langsamere Quanten kommen größere und größere Teile der Kraftfelder des Atoms als absorbierender Querschnitt in Betracht. Für die langsamsten Strahlen habe ich gefunden, daß der absorbierende Querschnitt nicht nur gleich dem ganzen Querschnitt des Atoms bzw. Moleküls wird — welcher ganze Querschnitt aus der kinetischen Gastheorie schon bekannt war — sondern sogar noch etwas größer als dieser.[58] Dies kommt gleich dem direkten Nachweis der Existenz elektromagnetischer Kraftfelder nicht nur im Innern der Atome und Moleküle, sondern auch in gewissem kleinen Umkreis um dieselben herum. Man geht wohl nicht fehl, wenn man diese äußeren elektrischen Kräfte der Moleküle identifiziert mit den Kräften der Festigkeit, der Elastizität, der Kohäsion und Adhäsion, kurzum mit den schon lange bekannten, aber nur nicht gleich für elektrisch gehaltenen Molekularkräften überhaupt. Auch an der schon von BERZELIUS[59] ins Auge gefaßten elektrischen

[58] [Es sind hier als langsamste Strahlen solche von etwa 4 Volt = 0,004 Lichtgeschwindigkeit gemeint. Geht man zu noch geringeren Geschwindigkeiten, so muß das (nur durch die Bewegung erzeugte) Magnetfeld des Elektrons immer mehr zurücktreten neben seinem ihm unter allen Umständen (auch in der Ruhe) eigenen elektrischen Feld. Elektronen, deren Geschwindigkeit nahe Null ist, können daher nur mehr durch die elektrischen Kräfte der Atome festgehalten werden, nicht durch die magnetischen. Sind aber dann die elektrischen Felder eines Atoms derart beschaffen, daß die elektrische Kraftlinie des Elektrons keinen Halt (kein verfügbares positives Quant) in ihm findet, so kann das Elektron frei durch das Atom passieren, d. h., es wird trotz — oder vielmehr wegen — seiner sehr geringen Geschwindigkeit nicht absorbiert. Solches außerordentlich bemerkenswertes Verhalten ist in der Tat kürzlich (Mai 1920) von den Herren RAMSAUER und H. F. MEYER im Heidelberger Institut bei Argon festgestellt worden: das Absorptionsvermögen des Argons nähert sich der Null, wenn die Strahlgeschwindigkeit von etwa 4 Volt gegen Null herabsinkt.]

[59] [Es scheint, als ob vor BERZELIUS schon DAVY klar den Gedanken, daß die chemischen Kräfte elektrischer Natur seien, ausgesprochen und auch bei seinen Versuchen verwertet hätte („Vorlesungen über chemische Wirkungen der Säule". 7. Dez. 1807, abgedruckt in Gilberts Ann. 28, S. 173, 1808). BERZELIUS Äußerung hierüber erscheint weniger klar und ist, so weit ich ermitteln konnte, erst an späterer Stelle zu finden („Lehrbuch der Chemie", Bd. I, S. 403—411, 1832).]

Natur der chemischen Kräfte der Atome wird man nun erst recht festhalten, und man wird in Fortsetzung der begonnenen Untersuchungen hoffen dürfen, Bilder der elektrischen Kraftfelder der Atome herzuleiten, welche deren chemisches Verhalten besser und vollständiger wiedergeben, als es die einfache Vorstellung einer Anzahl fester, mit elektrischen Ladungen versehener Valenzstellen tut.[60]

Von gleichem Interesse wie der Übergang zu den geringsten Geschwindigkeiten war auch der zu den größten. Wächst die Strahlgeschwindigkeit, so zieht sich der absorbierende Querschnitt zusammen; es werden schließlich nur mehr diejenigen Quanten festgehalten, welche die allerstärksten Teile der inneren Kraftfelder, dicht bei ihren Zentren passieren. Eben deshalb sind die schnellsten Strahlen auch geeignet, Antwort zu geben auf die Frage, ob vielleicht diese Zentren ein besonderes, undurchdringliches Eigenvolum aufweisen, oder allgemeiner: ob außer den Kraftfeldern sonst noch etwas in den Atomen ist, was unsere Prüfkörperchen zurückhielte. Das Resultat der Ausführung des Versuches mit den schnellsten Strahlen läßt sich am besten in einem Beispiel klar machen. Stellen wir uns einen kubikmetergroßen Block des massigsten und schwersten Stoffes vor, den wir

[60] [Es ist anzunehmen, daß die metallischen Valenzstellen in dem Vorhandensein je eines Elektrons bestehen, das das Atom leicht verlassen kann, ohne seinen Bestand zu stören (Valenzelektron). Heftet sich dieses Elektron an eine nichtmetallische Valenzstelle eines anderen Atoms, während es seinerseits durch seine elektrische Kraftlinie immer noch mit dem Mutteratom verbunden bleibt, so ist eine chemische Bindung der beiden Atome hergestellt (z. B. H-Cl), wobei der Chemiker die elektrische Kraftlinie durch einen Bindestrich in der Strukturformel darstellt. Dieses Bild war schon durch die Erfahrungen der Elektrolyse gegeben. Hinzuzufügen ist noch, daß das Festhalten des Valenzelektrons an der nichtmetallischen Valenzstelle des anderen Atoms nicht auch durch elektrische Kräfte bewirkt sein kann, wenn — wie wir annehmen — das Elektron nur eine elektrische Kraftlinie besitzt; denn diese geht zum Mutteratom. Dieses Festhalten muß demnach durch magnetische Kraft bewirkt sein, welche durch die (kreisende) Bewegung des Valenzelektrons vermittelt wird, und nichtmetallische Valenzstellen würden also in nach außen sich erstreckenden Magnetfeldern der betreffenden Atome bestehen. Wie diese elektromagnetische Auffassung der chemischen Kräfte im einzelnen bei bestimmten Atomen sich gestaltet, ist von W. Kossel in einer Abhandlung ausgeführt worden, welche die oben ausgesprochene Hoffnung schon ziemlich weitgehend erfüllt hat (Ann. d. Phys., 49, S. 229, 1916).]

kennen, etwa Platinmetall. Wir finden in diesem Block insgesamt nicht mehr undurchdringliches Eigenvolumen, als höchstens ein Kubikmillimeter.[61] Von diesem stecknadelkopfgroßen Teil etwa abgesehen finden wir den ganzen Rest unseres Blockes leer, so wie der Himmelsraum leer ist (47). Wie müssen wir da erstaunen über die Geringfügigkeit der eigentlichen Raumerfüllung der Materie! Was wir in dem von ihr eingenommenen Raume gefunden haben, waren nur Kraftfelder, wie sie sich auch im freien Äther ausbilden können. — Was sind dann jene Grundbestandteile aller Atome, auf welche wir durch das Massengesetz der Kathodenstrahlenabsorption geführt wurden? Offenbar in der Hauptsache ebenfalls nur Kraftfelder, wie die ganzen Atome. Ich habe daher diese Grundbestandteile alles Materiellen „Dynamiden" genannt.

Als Bestandteile elektrisch neutraler Atome wird man auch die Dynamiden als elektrisch neutral annehmen, so daß sie gleiche Mengen negativer und positiver Elektrizität als Zentren ihrer Felder besitzen. Wir können dann auch sagen: Die Materie — alle die greifbaren, wägbaren Körper um uns — bestehe in letzter Linie aus gleich viel negativer und positiver Elektrizität. Die negative Elektrizität ist in den Atomen nach den bereits erwähnten Auskünften des ZEEMANschen Phänomens und der lichtelektrischen Wirkung und der gleich noch zu besprechenden sekundären Kathodenstrahlung in Gestalt eben derselben Quanten enthalten, welche wir in den Kathodenstrahlen gefunden haben und welche seither noch auf vielen Wegen für sich allein, abgetrennt von der Materie, dem Forscher begegnet sind. Die positive Elektrizität dagegen scheint etwas den Atomen der Materie viel spezieller Eigenes zu sein; man hat sie — wie bereits hervorgehoben — anders als in Atomen sitzend überhaupt nicht angetroffen. — Nach unseren Resultaten über die Raumerfüllung muß dann das für seinesgleichen undurchdringliche Eigenvolum des negativen Quants außerordentlich klein sein. Dies ist in Übereinstimmung mit den erwähnten Versuchen von KAUFMANN. Das

[61] [Dieses Resultat über die Raumerfüllung der Kraftzentren der Atome ist durch die seitherige Erfahrung nur bestätigt (vgl. „Quantitatives über Kathodenstrahlen", S. 97 und 181).]

etwaige Eigenvolum der positiven Elektrizität wäre, falls es nicht ebenfalls äußerst klein ist, als völlig durchdringlich für negative Quanten anzusehen.[62]

[Die einfachste Vorstellung von der Dynamide ist daher die, daß sie aus einem positiven und einem negativen Elementarquant besteht, welche zwischen sich das Kraftfeld lassen. Damit aber der Abstand zwischen den beiden, fast verschwindend kleinen Kraftzentren aufrecht erhalten bleibe, war Bewegung, im einfachsten Fall Kreisbewegung der Quanten anzunehmen (47, S. 743, 744), und da bei der bereits bekannten Kleinheit der Masse des negativen Quants die große Hauptmasse des Atoms dem positiven Quant zuzuschreiben war, so war anzunehmen, daß das negative Quant es sei, welches um das positive kreise. Wie die so vorgestellten Dynamiden im Atom angeordnet seien, blieb dabei unbestimmt, nur mußte ihre Zahl wegen der Massenproportionalität der Kathodenstrahlabsorption proportional dem Atomgewicht angenommen werden, wenn man — was nächstliegend war — sowohl alle negativen als auch alle positiven Quanten als in jeder Beziehung untereinander gleichwertig annähme. Rutherford hat später (1911[63]) auf Grund von Untersuchungen über die α-Strahlen — deren Verhalten der Materie gegenüber, besonders bei den Atomdurchquerungen, analog dem der Kathodenstrahlen zu

[62] [Die letztere Alternative hatte ich im Vortrag erwähnt, weil sie einer damals in Aufnahme befindlichen Annahme von J. J. Thomson entsprach; sie hat sich indessen nicht bewährt. Man ist vielmehr auf die räumliche Kleinheit sowohl der negativen als der positiven Kraftzentren der Atome zurückgekommen, welche ich ursprünglich aus den Absorptionsmessungen an schnellsten Strahlen geschlossen hatte (47, S. 738: „Will man den elektrischen Feldern der Dynamiden besondere, mit undurchdringlichem Eigenvolum versehene Zentren zuschreiben, so wäre der Querschnitt der letzteren, ... jedenfalls noch kleiner anzunehmen als der kleinste gefundene absorbierende Querschnitt", woraus das oben im Beispiel des Platinblocks angegebene, dort ebenfalls schon entwickelte Bild folgt). Die räumliche Kleinheit der positiven Kraftzentren folgte außerdem damals auch schon aus der Annahme elektromagnetischer Natur ihrer Masse (vgl. S. 36), und zwar waren danach die positiven Quanten noch kleiner anzunehmen als die negativen, da ihnen größere Masse, nämlich die Hauptmasse des Atoms, zuzuschreiben ist.]

[63] [Siehe Näheres hierzu in „Quantitatives über Kathodenstrahlen", Fußnote 298 zu S. 105.]

Schlüssen verwertbar ist — angenommen, daß die positive Elektrizität in den Atomen in Gestalt je eines einzigen kleinen Kerns vorhanden sei, der von den negativen Elektronen in einer dem Atomgewicht proportionalen Anzahl umkreist werde. Es kommt dies der Annahme gleich, daß die positiven Quanten sämtlicher Dynamiden des Atoms zu einer einzigen zentralen Ladung vereinigt seien. Diese Annahme ist neuerdings von N. Bohr und danach auch von A. Sommerfeld in einer Reihe von Arbeiten über das Helium- und Wasserstoffatom durchgeführt worden mit dem Erfolge sehr guten Anschlusses an optische Eigenschaften dieser Atome, wobei jedoch die positive zentrale Ladung und daher auch die Zahl der kreisenden Elektronen (also auch die Zahl der Dynamiden) im Atom nicht mehr proportional dem Atomgewicht, sondern der Ordnungszahl des Atoms in der Reihe der aufsteigenden Atomgewichte angenommen worden ist. Diese letztere Annahme bringt die Vorstellung mit sich, daß jedes Atom seinen besonderen positiven Kern von einer seinem Gewicht entsprechenden Größe habe, daß es also ebenso vielerlei vorgegebene, voneinander verschiedene positive Kernarten gebe, als es Atomgewichte gibt und dies erschien wenig befriedigend, umsomehr als der radioaktive Zerfall unzweifelhaft und unmittelbar zeigte, daß die Kerne bei gewissen Atomen nicht unteilbar seien, sondern unter Umständen von selber zerfallen. Man ist dementsprechend in der Tat neuerdings wieder auf die dem Atomgewicht (nicht der Ordnungszahl) proportionale Dynamidenzahl zurückgekommen, indem man beispielsweise dem Heliumkern — statt ihn als ein dem Helium eigentümliches positives Doppelquant (entsprechend der Ordnungszahl 2 des Heliums) aufzufassen, welches von zwei negativen Quanten umkreist wird — als Anhäufung von zwei sehr eng kreisenden Dynamiden und zwei positiven Quanten annimmt, welch letztere zusammen mit den weiter außen kreisenden zwei negativen Quanten wieder zwei Dynamiden bilden, so daß das Heliumatom im ganzen vier Dynamiden enthält, entsprechend seinem Atomgewicht 4. Derartige Kernmodelle sind von E. Gehrcke für die Atome sämtlicher Elemente, einschließlich der schwersten radioaktiven Atome, entworfen worden (Heidelberger Akademie

1919)[64]; dieselben geben Aussicht, sämtliche Eigenschaften der Atome aus ihrem Aufbau verstehen zu lernen, nachdem dieses Ziel in einer Reihe von wichtigen Fällen bereits erreicht ist.]

Bei dieser Konstitution der Materie ist das dritte, nun noch zu erwähnende, bei Atomdurchquerungen mögliche Ereignis leicht verständlich. — Das durchquerende Strahlenquant wird vermöge der abstoßenden Kräfte, welche es auf die anderen, dem Atom eigenen, negativen Quanten ausübt, eine gewaltige Störung innerhalb des Atoms hervorbringen können, und als Folge dieser Störung kann ein dem Atom gehöriges Quant aus ihm hinausgeschleudert werden. Man nennt den Vorgang sekundäre Kathodenstrahlung. Wir haben einen Kathodenstrahl — den primären — in das Atom hineinfahren lassen, und zwei fahren dafür heraus, der primäre und der sekundäre[65] (46, S. 481).

Die Geschwindigkeit der sekundären Strahlen ist — wie die der lichtelektrisch erzeugten Kathodenstrahlen — sehr gering, auch wenn die der primären Strahlen groß ist.[66] Die Menge der

[64] [Die beiden im Kern befindlichen Dynamiden des Heliumatoms haben hierbei sehr kleine Momente, und nur die Momente der anderen beiden, die äußeren Elektronen umfassenden Dynamiden entsprechen der vollen Größe des Atoms. Dem Wasserstoffatom ist nur eine einzige Dynamide zuzuschreiben (dem Atomgewicht proportional, wenn das Heliumatom 4 Dynamiden hat), deren Moment der vollen Atomgröße entsprechen muß. Durchschnittlich ist also das Dynamidenmoment im Heliumatom viel kleiner (rund nur halb so groß) als im Wasserstoffatom. Dem entspricht es vollkommen, daß die auf die Masseneinheit bezogene Absorption mittelschneller Kathodenstrahlen bei Helium etwa nur halb so groß ist als bei Wasserstoff. Die Abweichungen der Absorption von der Massenproportionalität erklären sich demnach ganz in der von mir schon ursprünglich angegebenen Weise (47, S. 743).]

[65] Man scheint häufig anzunehmen, daß die sekundäre Strahlung eine Folge der Absorption primärer Strahlung sei; doch ist dies nicht die Auffassung, welche ich mir aus der Beobachtung gebildet habe (46, S. 474 u. f.). [Sie hält auch an der Erfahrung gar nicht stand und ist in rein willkürlicher und oberflächlicher Weise entstanden als Folge unklarer Auffassung des Absorptionsvorganges selbst (vgl. „Quantitatives über Kathodenstrahlen", S. 33); dennoch scheint ihre Verbreitung sogar noch im Zunehmen begriffen.]

[66] [Die sekundäre Geschwindigkeit steigt langsam mit der primären (siehe „Quantitatives über Kathodenstrahlen", S. 158, 174).]

sekundären Strahlung, d. i. die Wahrscheinlichkeit des Austrittes von Quanten aus Atomen bei der Durchquerung, ist am größten bei einem gewissen Optimum der Primärgeschwindigkeit; sowohl schnellere als langsamere Primärstrahlen wirken weniger gut; und bei ganz kleiner Primärgeschwindigkeit — unter $^1/_{200}$ Lichtgeschwindigkeit — fehlt die sekundäre Strahlung ganz (44, S. 188 u. ff.; 46, S. 474 u. ff.; 49).[67] Diese Verhältnisse sind verständlich. Denn wenn das primäre Quant zu langsam herankommt, besitzt es zu wenig Energie zu genügender Störung des Atominneren, und wenn es zu schnell herankommt, wird die Zeit seines Verweilens im Atom dazu im allgemeinen zu kurz sein.

Bei der geringen Geschwindigkeit der Sekundärstrahlung muß dieselbe starker Absorption in den umgebenden Körpermolekülen unterliegen. In Gasen, wo die Moleküle frei sind, wird ein Molekül, welches ein sekundäres Quant absorbiert hat, als beweglicher Träger negativer Elektrizität funktionieren, während das Molekül, aus welchem das sekundäre Quant herausgefahren war, einen Überschuß von positiver Elektrizität enthält und also beweglicher Träger positiver Elektrizität ist. In den Wanderungen solcher Träger besteht aber — wie wir Dank der unablässigen Bemühungen von Arrhenius und nachher besonders J. J. Thomson wissen — die Elektrizitätsleitung in Gasen,[68] und

[67] [In dem für langsame Strahlen gebrauchten Maße ist diese Grenzgeschwindigkeit — aus sogleich ersichtlich werdendem Grunde auch Trägerbildungsspannung zu nennen — rund 11 Volt, was nach meinen damaligen Messungen für die gewöhnlichen Gase (Stickstoff, Wasserstoff) gilt. Heute sind die für verschiedene Molekülsorten etwas abweichenden Werte der Grenzgeschwindigkeit schon eingehender bekannt (siehe „Quantitatives über Kathodenstrahlen", S. 163).]

[68] Begründend für die Überzeugung, daß Gasmoleküle bzw. Molekülgruppen die Träger der Elektrizitätsleitung in Gasen sind, scheinen mir drei aufeinanderfolgende Schritte gewesen zu sein, nämlich: 1. Das eingehende Studium eines ersten Falles von Gaselektrisierung, in welchem Staub — den man zuerst als den alleinigen oder doch hauptsächlichsten Träger elektrischer Gasladungen ansah — als sicher nicht mitwirkend sich ergab. Es war dies der Fall der Wasserfallelektrizität (16); 2. die ersten Messungen der Wanderungsgeschwindigkeiten von Gasträgern in verschiedenen Fällen leitender Gase, ausgeführt in rascher Folge von einer Anzahl verschiedener Beobachter, zuerst von Rutherford (26); 3. J. J. Thomsons im Prinzip einwandfreie, erste Messungen der

wir haben also in der sekundären Kathodenstrahlung den Mechanismus gefunden und, wie ich glaube, durch eingehende Beobachtungen genügend sichergestellt, durch welchen Kathodenstrahlen ein Gas elektrisch leitend machen (46, S. 474).[69] Dieser Fall des durch Kathodenstrahlen erregten, beziehlich unterhaltenen Leitvermögens muß bei allen Gasentladungen, wo Kathodenstrahlen von genügender Geschwindigkeit auftreten, eine Rolle spielen; so auch in der gewöhnlichen Entladungsröhre, von welcher wir, als erstem Erzeugungsmittel der Kathodenstrahlen ausgegangen waren.[70]

---

absoluten elektrischen Ladung des einzelnen Gasträgers in verschiedenen Fällen (31). — Aus 2. und 3. war mittels einfacher gaskinetischer Betrachtungen die Dimension der Gasträger als gleich der von Molekülen bzw. Molekülgruppen zu berechnen. [Diese einfachen gaskinetischen Betrachtungen, deren Resultat die Gleichung ist, welche die Wanderungsgeschwindigkeit als Funktion von Ladung, Masse und Größe der Träger darstellt, habe ich zuerst im Jahre 1900 in praktisch vollkommen genügender Weise durchgeführt (40, S. 312 u. f.). Eine eingehendere Behandlung des Gegenstandes, einschließlich aller Verfeinerungen sowie der Untersuchung der später von anderen Autoren mitgeteilten, aber unzulänglichen Wanderungsgeschwindigkeitsgleichungen findet man in den Ann. d. Phys., 60, S. 329, und 61, S. 665, 1919.]

[69] Dieser Mechanismus ist verschieden von dem der Bildung der Ionen in den flüssigen Elektrolyten, wo er in der Spaltung elektrisch neutraler Moleküle in zwei entgegengesetzt geladene Atome oder Atomgruppen besteht. Auch sonst versagt die Analogie zwischen der Elektrizitätsleitung in Gasen und in Flüssigkeiten gerade in den charakteristischsten Punkten: Menge und Zeichen der Ladung eines Gasträgers sind — ganz anders wie bei den Ionen der flüssigen Elektrolyten — nicht bestimmt durch die chemische Natur des Trägers, und wirkliche Elektrolyse — jene so charakteristische Art chemischer Zersetzung — findet deshalb in Gasen auch gar nicht statt (53, S. 236). Ich hielt es deshalb für besser, jene Analogie — so nützlich das Festhalten an ihr heuristisch erst gewesen war — jetzt, nach erhaltener, genauerer Kenntnis, auch äußerlich nicht mehr zu betonen, weshalb ich es immer schon vermieden habe, den Namen Ionen auf die Gasträger anzuwenden, oder die Elektrizitätsleitung in Gasen elektrolytisch zu nennen.

[70] [Vgl. über die Entstehung der Kathodenstrahlen S. 37. Die positive Säule bildet sich durch Sekundärstrahlung von Schicht zu Schicht aus, indem die von den ursprünglichen, von der Kathode ausgehenden primären Strahlen im Gasrest erzeugten Sekundärstrahlen durch das Spannungsgefälle über die oben genannte Grenzgeschwindigkeit hinaus beschleunigt, ihrerseits wieder neue Sekundärstrahlung erzeugen, und so von Schicht zu Schicht weiter, indem die beschleunigte Sekundärstrahlung jeder vorhergehenden Schicht als primäre für die folgende wirkt. Die einzelnen Schichten sind manchmal auch durch die ebenfalls von der Sekundärstrahlung hervorgerufenen Leuchterscheinungen getrennt kenntlich.]

Auch in anderen Fällen, wo Gase elektrisch leitend werden, ist der Mechanismus derselbe: Austritt von Quanten aus Molekülen, und Wiederabsorption derselben von andern Molekülen, so bei der Wirkung des ultravioletten Lichtes auf Gase (35, 40) wie bereits erwähnt, und auch in Flammen (45)[71], nur daß die Veranlassung des Quantenaustrittes in den verschiedenen Fällen ein verschiedener ist (53, S. 242).

Ich schließe mit dem Gefühl des Dankes für die Aufmerksamkeit, welche Sie mir geschenkt haben.

[71] [Eingehende, die heutige Gesamtkenntnis berücksichtigende Behandlung der Elektrizitätsleitung in Flammen findet man in der Veröffentlichung „Über Elektronen und Metallatome in Flammen" (Heidelb. Akad. 1914) und in der zusammenfassenden Darstellung von A. Becker in Grätz' „Handbuch der Elektrizität", Bd. III, 1919]

Anhänge.

I. Hittorf.

(Zu Seite 12—14 des Vortrags.)

Crookes Verdienste um unseren Gegenstand haben in diesem Vortrage zu unmittelbarer Geltung gelangen können (S. 12 u. ff.) im Gegensatz zu Hittorfs viel älteren und in der Tat höher zu bewertenden Verdiensten. Es war dies Folge besonderer äußerer Umstände, die in den Fußnoten zum Vortrage (5 u. 7) berührt wurden und auf die wir hier noch zurückkommen; dieselben wirken noch heute nach. Ich möchte daher hier einiges aus Hittorfs Kathodenstrahl-Entdeckungsarbeit (2)[72] wörtlich anführen, um zu zeigen, in welcher Weise er vorangegangen war zu einer Zeit, da „Geisslersche Röhren“ [73] zwar mehr als 10 Jahre lang schon vorhanden und wohlbekannt, auch als merkwürdig bestaunt, trotzdem aber — genau zugesehen — immer nur Gegenstand nahezu unfruchtbarer, so gut wie nur rein beschreibender

[72] Eingeklammerte Zahlen beziehen sich hier, wie im Vortrag, auf das Literaturverzeichnis.

[73] „Plückersche Röhren“ wären sie wohl zu nennen gewesen. Denn Plücker in Bonn, Professor der Physik, nachgewiesen guter Experimentator und tätiger Forscher, war im Verein mit dem unzweifelhaft hervorragend geschickten Glasbläser Geissler beim Zustandekommen dieser — übrigens früher auch anderweitig, nur unvollkommen schon angewandten — Röhren beteiligt, und es wird wohl ersterer die treibende Kraft gewesen sein, da er die Röhren für seine Spektraluntersuchungen benötigte. Ebenso vielleicht auch bei der „Geisslerschen Hahnluftpumpe“. Genauere Anhaltspunkte, wessen Arbeit den Erfolg bei diesen Konstruktionen wirklich herbeigeführt hat, scheinen allerdings zu fehlen. Plücker selbst spricht von „Geisslerschen Röhren“.

Naturforschung geblieben waren, und 7 und 10 Jahre ehe durch Goldstein und Crookes weitere Fortschritte folgten. Wir greifen nur besonders charakteristische Teile aus Hittorfs genannter Arbeit heraus; die übergangenen Stellen beziehen sich teils auf spezielle Fragen, teils versuchen sie — damals freilich verfrüht — dem Gegenstand durch quantitative Behandlung näher zu kommen. Im übrigen zieht Hittorf auch die von anderen Seiten vorliegenden Veröffentlichungen über den Gegenstand heran, und was er dabei aus dem Übermaß aufgehäuft gewesener Erscheinungsbeschreibungen herausgreift, liest sich heute wie eine Zusammenstellung gerade dessen, was für das Vordringen zum Verständnis in der Folge tatsächlich wesentlich geworden ist.

„Das Glimmlicht erscheint auf der Strecke, die es von der Kathode aus durchflutet, nicht gleichartig, sondern besteht bekanntlich[74] aus drei Schichten[75], welche der negativen Oberfläche parallel laufen und durch ihre verschiedene Leuchtkraft vom Auge erkannt werden. Während die Zahl der Schichten im positiven Lichte nach den Dimensionen und der Gestalt des Behälters, der Dichte und Natur des Mediums sehr veränderlich ist, bleibt sie beim negativen Licht unter allen Umständen konstant. Ein schmaler, manchmal schwierig wahrnehmbarer, heller Saum umgibt unmittelbar die Kathode. Auf denselben folgt eine dickere, weniger leuchtende, daher durchsichtige Schicht“ — die wir den Hittorfschen Dunkelraum nennen sollten, zum Unterschied

[74] Hier ist Hittorf sich selbst nicht gerecht geworden. Er zielt mit dem „bekanntlich“ wohl auf eine bereits 11 Jahre früher von Plücker — seinem Lehrer — veröffentlichte Beschreibung von Glimmlichtschichten, auf Grund deren Plücker auch heute noch manchmal als Entdecker des Hittorfschen (oder „Crookesschen“) Dunkelraumes angegeben wird, jedoch mit Unrecht. Plückers Beschreibung — so wie ich sie habe finden können — (Annalen der Physik, Bd. 105, S. 71, 1858) ist wenig deutlich; sie betrifft auch nur einen gelegentlich hervorgetretenen Einzelfall und sie spielt im ganzen Zusammenhange der Arbeit (die in erster Linie den chemischen Verhältnissen in der Röhre und den Spektren des emittierten Lichtes gilt) gar keine Rolle. Hittorf dagegen sagt ausdrücklich und zum Voraus: „Bei der folgenden Schilderung der Verhältnisse, welche die elektrische Entladung veranlaßt, werden wir als Medium die Luft voraussetzen, wenngleich dieselben allen Gasen angehören“ (2, S. 6), und er zergliedert außerdem die Erscheinungen des Glimmlichts überhaupt zum erstenmal eingehend und zugleich so treffend, daß er bis hart an ein Verständnis kommt, wie wohl am besten unser obiger Auszug weiter zeigen mag.

[75] Die Sperrdrucke in den Anführungen aus Hittorfs Arbeit sind von mir eingeführt.

vom FARADAYschen Dunkelraum[75a], die aber gewöhnlich historisch unrichtig der CROOKESsche Raum genannt wird — „die sich wieder von der letzten hellen und ausgedehntesten bestimmt abhebt. Mit der Verringerung der Gasdichtigkeit wird die Dicke dieser Schichten ständig größer. Ebenso wächst sie bei derselben Dichte mit der Intensität des Stromes" (2, S. 9 und 10).

„Jeder feste oder flüssige Körper, er sei Isolator oder Leiter, welcher vor der Kathode sich befindet, begrenzt das Glimmlicht, welches zwischen ihm und letzterer liegt; es findet keine Abbiegung aus der geraden Richtung statt. Wählt man eine rechtwinkelig gebogene Röhre, deren beide Schenkel sehr verschiedene Längen besitzen und befestigt an den Enden zwei gleiche punktförmige Elektroden, so durchflutet bei hinreichender Verdünnung das negative Licht den ganzen langen Schenkel (wenn dessen Elektrode Kathode ist). Es bleibt dagegen auf den kurzen beschränkt und vermag der Krümmung der Röhre nicht zu folgen, wenn in diesem die Kathode ist. Am deutlichsten sieht man die geradlinige Fortpflanzung des Glimmens, wenn dasselbe von einer punktförmigen Kathode ausgeht und bei größerer Länge die Oberfläche des Glases zum Fluoreszieren bringt. Befindet sich unter solchen Verhältnissen irgendein Gegenstand in dem mit Glimmlicht erfülltem Raume, so wirft er einen scharfen Schatten auf die fluoreszierende Wand, indem er eben den Lichtkegel, der von der Kathode als Spitze um seine Oberfläche geht, davon ausschließt" (2, S. 8).

„Wir werden daher im folgenden von den geradlinigen Bahnen oder den Strahlen des Glimmens[76] sprechen und jeden Punkt der Kathode als Spitze eines Strahlenkegels[77] annehmen."

[75a] Der FARADAYsche Dunkelraum (1) liegt zwischen negativem Glimmlicht und positiver Säule.

[76] Den Namen „Kathodenstrahlen" hat 7 Jahre später GOLDSTEIN eingeführt (4).

[77] Hier sieht man deutlich, wie HITTORF durch die Grenze der Leistungsfähigkeit seiner Apparate beengt war, wie denn überhaupt alles, was erst entdeckt werden muß, anfänglich immer nur spurenweise und unter vielen Störungen, Trübungen und Beschränkungen zu sehen ist. Um festzustellen, daß die (hier in Betracht kommenden schnellen) Kathodenstrahlen nicht etwa diffus von jedem Punkt der Kathodenoberfläche ausgehen, wie es nach obiger Beschreibung scheinen könnte, sondern daß sie ein überall nahezu normal zur Kathodenfläche gerichtetes Bündel bilden, wie es später CROOKES zeigen konnte, wäre ein höheres Vakuum erforderlich gewesen, als es HITTORF herzustellen vermochte. Er mußte, um mit geringeren Verdünnungen (und mit der

„Geschieht die Ausbreitung des Glimmens von den Punkten der Kathode geradlinig, so muß sie unabhängig von der Richtung des positiven Lichtes sein. Dies sieht man sehr deutlich, wenn die punktförmige Kathode von der Anode abgewendet ist ... Der Gegensatz zwischen der Fortpflanzung des negativen und positiven Lichtes tritt recht schlagend hervor, wenn man die Rolle der beiden Elektroden wechselt ... Jetzt krümmt sich sogleich das rote positive Licht ...; das negative Licht ... flutet dagegen geradlinig fort und geht bei größerer Verdünnung beliebig weit hinaus, unbekümmert, daß es hier die Anode kreuzt" (2, S. 8 und 9).

Von großem Interesse sind die hier zum erstenmal auftauchenden Schwierigkeiten des Verständnisses, in die Hittorf nun kommen mußte, indem er diese letzte Beobachtung und noch andere, ähnliche, die zeigten, daß Kathodenstrahlen und Anode nicht im mindesten umeinander sich zu kümmern scheinen, vergleicht mit dem magnetischen Verhalten der Kathodenstrahlen, das er, da er die Strahlen entdeckt hat, nun auch zum erstenmal studieren kann und wobei er findet, daß „sich die Strahlen des negativen Lichtes als einfache Ströme bewähren, die, was ihre Richtung betrifft, in die Kathode aus der Umgebung fließen" (2, S. 213). Auch nach anderen Beobachtungen sagt Hittorf ebenso treffend: „Es muß demnach vermutet werden, daß die Leitung in der Umgebung der Kathode durch den Vorgang des Glimmens erfolgt" (2, S. 213), und: „das Glimmen ist offenbar der Prozeß, wodurch der Übergang des Stromes aus den Teilchen des gasförmigen Mediums in die der festen oder flüssigen Kathode vermittelt wird" (2, S. 10). Man sieht, daß hier nur die Umlenkung der Aufmerksamkeit von der durch rein historische Zufälligkeit im Vordergrund befindlichen Glaselektrizität zur negativen Harzelektrizität und damit die Umkehrung der ins Auge gefaßten Bewegungsrichtung fehlt, um die Strahlenform verständlich zu machen und auf unsere heutige Vorstellung zu kommen;

von seinem Induktorium gelieferten Elektrizitätsmenge) auskommen zu können, die Kathodenoberfläche möglichst klein halten. Diese Beschränkung durch seine Hilfsmittel mußte Hittorf klar gewesen sein, denn er findet: „Bei derselben Dichte des Mediums erstreckt sich das Glimmlicht um so weiter von der Kathode, je kleiner die Oberfläche derselben ist. Gleichzeitig wachsen die Spannungen, welche auf den Elektroden die nämliche Entladung" (d. i. das nämliche kleine Induktorium) „erzeugt und die Fluoreszenz des Glases stellt sich lebhafter her" (2, S. 7).

denn Trägheit war der Elektrizität schon sieben Jahre früher von W. Weber zugeschrieben worden (s. Anhang IV). Aber der geistige Sprung, der hier verlangt wird, ging doch zu sehr ins Ungewisse, als daß es ein besonderes Verdienst hätte sein können, ihn ohne weiteren Anhalt zu wagen, und man findet auch keine Andeutung davon, daß Hittorf dies getan hätte.[78] Es sind die auf S. 31—33 des vorliegenden Vortrags hervorgehobenen Schwierigkeiten, die hier den weiteren Fortschritt eindämmten und die darin liegen, daß die Eigenschaften der freien Elektrizität so ganz andere sind, als man aus dem bekannten Verhalten elektrischer Ströme oder aus der bekannten Elektrostatik jemals hätte vermuten mögen. Offenbar gelingt es Hittorf infolge dieser, ohne ganz neue Anhaltspunkte geradezu hoffnungslosen Schwierigkeiten nicht, sein Resultat, daß die Kathodenstrahlen einfache Stromträger seien, mit jenem Vorbeigehen der Strahlen an der Anode in Einklang zu bringen. Seine Untersuchung über die Strahlen bricht hier im wesentlichen ab, und indem er schließlich die gewonnene, aber doch noch nicht durchgreifende Einsicht zusammenzufassen versucht, kann es bei dem durch die Kärglichkeit der Hilfsmittel beschränkten Streben, möglichst weitgehend die Wirklichkeit zu erfassen, trotz aller Vorsicht nicht ausbleiben, daß auch nicht ohne weiteres Zutreffendes mit unterläuft, wenn er sagt: „daß durch den Vorgang des negativen Lichtes die Fortpflanzung der Elektrizität in die Anode nicht erfolgen kann. Hierzu eignet sich nur der Prozeß, welcher das Wesen des positiven Lichtes bildet und überall die Verbindung der Anode mit den Strömen der einzelnen Glimmlichtstrahlen vermittelt" (2, S. 222). Man weiß heute, daß es sehr wohl möglich ist, unmittelbar durch Kathodenstrahlen beliebig große Elektrizitätsmengen in die Anode zu bringen, wenn nur die Strahlen in genügender Intensität erzeugt werden und bis zur Anode gelangen, daß aber allerdings die Erzeugung der Strahlen im gewöhnlichen Entladungsrohr stets auch anderen Elektrizitätsübergang zwischen Anode und Kathode erfordert (der das Wesen des positiven Lichtes bildet) und daß

---

[78] W. Webers Annahme von der Trägheit der Elektrizität hatte damals und auch viel später noch keinen Anhalt in der Erfahrung, weshalb sie wohl auch in der Folge zunächst nur in Vergessenheit geraten und unwirksam geworden war. Hertz hatte 1880 und 1881 in Versuchen, welche Trägheit der Elektrizität nachweisen und zugleich messen sollten, keine gefunden, sondern nur eine tief liegende obere Grenze für dieselbe angeben können (Ges. Werke, Bd. 1, S. 1 und 145).

man den möglichst überwiegenden Elektrizitätsübergang in Gestalt der Strahlen, der Hittorf — wenn er ihn hätte sehen können — sofort weiter gefördert hätte, nur bei gewisser sehr hoher, nahe dem Versagen der — möglichst hoch gespannten — Entladung liegender Verdünnung erhält.[79] Hittorfs Hilfsmittel reichten offenbar nicht aus, um die Versuche in der Richtung nach diesem Resultat hin abzuändern.[80] Crookes hat zehn Jahre später mit seinen verbesserten Einrichtungen, bei höherem Vakuum — ausgiebiger Verwendung glaseingeschmolzener Dichtungen — und offenbar auch höherer Spannung, die Erscheinungen überwiegenden (für den Anblick sogar ausschließlichen[81]) Elektrizitätsübergangs in Form der Strahlen wirklich hergestellt, und er ist so dazu gelangt, viele charakteristische Erscheinungen der Kathodenstrahlen in einer Reinheit vor Augen zu bringen, die — wie ich in meinem Vortrag sagte — „alles Vorhergegangene genügend überbot, um zum erstenmal es deutlich sehen zu lassen, daß man es hier mit einer Erscheinungswelt von ganz besonderer Eigenart zu tun habe[82]..." Aber er läßt sich auf Hittorfs

---

[79] Der Grund hiervon liegt, kurz gesagt und in der Hauptsache, in dem beschleunigt schnellen Anstieg der totalen Sekundärstrahlung mit steigender Strahlgeschwindigkeit (siehe Taf. VII in „Quantitatives über Kathodenstrahlen"). Denn es kommt zur Erzeugung einer großen Strahlintensität auf das Vorhandensein einer entsprechend großen Zahl positiver Träger im Raum vor der Kathode an; dieselben werden aber durch Sekundärstrahlung in diesem Raum erzeugt und ihre Zahl ist — den Raum als frei für volle Entwicklung der Strahllänge vorausgesetzt — proportional der totalen Sekundärstrahlung.

[80] Hittorfs Induktionsrolle war nur 30 cm lang; die Elektroden seiner Entladungsröhren waren zumeist mit Siegellack eingekittet, was das bestgeeignete, hohe Vakuum schlecht erreichen läßt, sofern übrigens nicht schon die Dampfspannung des Hahnfetts der damals allein verfügbaren Hahn-Quecksilberluftpumpen im selben Sinne hinderlich wirkte.

[81] Der Erzeugungsprozeß der Strahlen, bei welchem die Gasmoleküle vor der Kathode tätig sind, läuft bei hoch steigender Verdünnung mehr und mehr lichtlos ab.

[82] Das Gewicht liegt hier auf dem Worte „deutlich". Als prinzipiell neu kann man kaum die Hälfte von Crookes Vorführungen bezeichnen. Man durchblättere seinen Vortrag und man wird finden, daß unter den 21 Abbildungen, in welchen seine charakteristischen Versuche so gut wie vollzählig dargestellt sind, 11 weiter nichts bieten als Hittorfs schon lange vorher wohlausgesprochene Errungenschaften, allerdings jetzt mit den verbesserten Hilfsmitteln so deutlich vorgeführt, daß es keines Hittorfs mehr bedurft hätte, um sie zu erfassen, sondern daß sie für aller Augen — auch die des Laien und des Anfängers — von selber erkennbar wurden. Es liegt gewiß ein hochzuschätzendes Verdienst von Crookes allein schon darin, daß er die von Hittorf entdeckten Erschei-

feine Fragen gar nicht ein, sondern begnügt sich damit, HITTORFS Feststellung des Elektrizitätstransports durch die Strahlen die konkrete Vorstellung von den geschleuderten Molekülen zugrunde zu legen, was allerdings, zusammen vor allem mit der unmittelbaren Anschaulichkeit — weil Reinheit — seiner Strahlenversuche, eine wohltuende Entlastung aus dem Gewirre des Unverständlichen, aber doch auch wieder — wie man heute weiß — keineswegs schlechthin richtig war.[83] Erst HERTZ, 14 Jahre nach HITTORF (7), greift von neuem bei dessen Frage nach dem genauen Verlauf des Elektrizitätstransportes in der Entladungsröhre an und damit bei der Hauptschwierigkeit des Verständnisses, und er sucht ihr mit den schärfsten Mitteln beizukommen, die damals nur vorhanden waren, um — noch mehr als HITTORF in die Irre zu gehen. Welches Verhängnis! — Er kommt dazu, teilweise wieder abzureißen, was HITTORF schon aufgerichtet hatte; er schließt aus feinen, ganz einwandfrei gemachten Beobachtungen mittels der Magnetnadel, als untrüglichem Weiser des Stromverlaufes, daß *Kathodenstrahlen überhaupt keine elektrische Strömung darstellen*.[84] Nichts kann wohl besser die Größe der Hindernisse zeigen, welche den Weg zum Verständnis der Kathodenstrahlen, zu diesem Haupteingangstor zur heutigen Physik, versperrten.[85] Erst nachdem diese Hindernisse von allen

nungen mit den verbesserten Mitteln mit Sorgfalt gesäubert in Vervielfältigung und eindringlich vor Augen geführt hat — und das von mir in meinem Vortrag (S. 12) gegebene Bekenntnis ist vielleicht ein besonderer Beweis für dieses Verdienst —; aber man muß auch bedenken, daß ganz offenbar HITTORF aus reiner Vornehmheit — weil er ausschließlich auf Vordringen in die Tiefe bedacht war — sich scheute, in die Breite auszuspinnen, was für den Fachmann mit einigen kurzen Worten sich sagen ließ (wie z. B. die geradlinige Ausbreitung der Strahlen oder die Phosphoreszenzerregung durch dieselben). Daß man dennoch CROOKES Leistung auf diesem Gebiete ganz allgemein über die HITTORFS gestellt hat, wobei auch noch HITTORFS sonstige überragende Leistungen auf verwandten Gebiete ganz übersehen wurden, bedeutet demnach für uns, wo es in besonders auffälliger Weise geschah, ein Zeichen recht übler geistiger Enge, deren Vorhandensein — auch heute noch — aus Erziehungsgründen gar nicht genug bloßgestellt werden kann.

[83] CROOKES Erklärungsversuche mittels der geschleuderten Gasmoleküle sind an manchen Stellen auch schon von vornherein recht bedenklich gewesen. So z. B. in der Erläuterung, welche er zu Abb. 18 seines Vortrags gibt.

[84] „Daß den Kathodenstrahlen entweder gar keine oder doch nur sehr schwache elektrostatische und elektrodynamische Eigenschaften zukommen" (76, S. 275).

[85] Man erklärt heute leicht HITTORFS und HERTZ' Fehlschlüsse, trotz richtiger Beobachtungen, durch die Tatsache, daß sie nicht die genügend hohen

erreichbaren Angriffspunkten aus[86] bearbeitet und dadurch in ihrem vollen Umfang erkannt waren, verloren sie ihre Unerschütterlichkeit, womit dann auch erst zweifellos erkennbar wurde, daß hinter ihnen in der Tat das vermutete große Eingangstor liegt und womit dasselbe dann auch gleichzeitig schon eröffnet war. Hittorf war, wenn man alles zusammenfaßt, der bedeutendste Vorkämpfer zu diesem Ende. Es entsprechen dem auch seine eigenen Worte, mit denen er den Gegenstand seiner Entdeckung, die Strahlen, zunächst verläßt, um sich zur Untersuchung der Flammen zu wenden. Er sagt (2, S. 223), daß die Erscheinungen um die Kathode „eine größere Beachtung verdienen als ihnen bis jetzt zugewandt wurde", und daß diese „Strahlen des negativen Lichtes" in den Gasen „nicht unmöglicher" Weise „am leichtesten das Wesen der (elektrischen) Erscheinungen erkennen lassen" werden, — Worte, die nicht minder prophetisch klingen als später Crookes Schlußworte zu seinem Vortrag (die ich in dem meinigen — S. 14 — als Leitstern anführte) und die sich voll bewährt haben — nachdem sie anscheinend längst vergessen waren.

Man frägt sich nach alledem, wie es denn kommen konnte, daß Hittorf zu seinen Lebenszeiten nicht rechtzeitig Anerkennung

---

Gasverdünnungen anwandten (was für Hertz in seinen gekitteten Gefäßen — aber auch schon weil er mit den 2000 Volt seiner Batterie auskommen mußte — besonders stark zutrifft), bei welchen mehr die ungestörte Strahlung als der zu ihrer Erzeugung nötige sonstige Elektrizitätsübergang sich entwickelt hätte. Man sieht daraus, wie in der Tat die Unreinheit der Versuchsbedingungen im Innern der Entladungsröhre — gleichzeitiges Nebeneinanderlaufen der Erzeugung und der Ausbreitung der Strahlen — Haupthindernis des Vordringens war.

[86] Einen der weiteren Angriffspunkte — die Untersuchung der Elektrizitätsleitung in Flammen — hat Hittorf selbst, und zwar in derselben Veröffentlichung, in welcher er die Entdeckung der Kathodenstrahlen mitteilt (2), sehr weitgehend und erfolgreich bearbeitet. Man weiß außerdem, daß auch die Theorie der Elektrolyse mit zu diesen Angriffspunkten gehört und daß sie ebenfalls Hittorf — und dann Kohlrausch — die wesentlichsten Fortschritte verdankt. Was die Untersuchung der Kathodenstrahlen selbst und unmittelbar anlangt, so hat die durch das Aluminiumfenster bewirkte Trennung der Strahlen von ihrem Erzeugungsprozeß und damit die Bekanntschaft mit den Eigenschaften unzweifelhaft reiner Kathodenstrahlen wohl den Ausschlag zu dem dann auch schnell einsetzenden erfolgreichen Vordringen gegeben. Erst nach dem Bekanntwerden der Beobachtungen an solchen Strahlen (18, 19, 21) hat man auch innerhalb der Entladungsröhre soweit sich zurechtzufinden gewußt, daß man es wohl unternehmen mochte, die da erhaltenen Resultate versuchsweise — „kühn" ist es manchmal genannt worden — als brauchbar hinzustellen, wie es J. J. Thomson (25) getan hat.

und Würdigung, vor allen Dingen aber zu seinen besten Zeiten nicht bessere Arbeitsgelegenheit gefunden hatte[87], die seine Fähigkeiten hätten für das Vaterland vernünftig nutzbar machen können, sondern daß vielmehr seine späteren Arbeiten ganz offenbar sehr unter der Last kümmerlicher Beschränktheit der Hilfsmittel litten[88] und seine älteren Jahre durch Verbitterung verdüstert wurden.[89] Unzweifelhaft ist zu sagen, daß dies Folge der in Deutschland — mangels besserer Erziehung — sehr verbreiteten Gleichgültigkeit gegen das Schicksal hervorragend Befähigter — irgendwelcher Art — ist. Statt sie als unersetzbare Geschenke des Himmels und bestes Gut des Vaterlandes zu betrachten, zu pflegen und zu fördern, werden sie wie aus unbewußten Instinkten (die man im einzelnen aber auch als Neid, Eitelkeit, Kleinlichkeit bewerten kann — ebensoviele noch auszurottende Nationallaster —) bekämpft und womöglich unterdrückt. Man sieht kleinlicherweise nur persönliche Härten an ihnen — meist sogar bloß vermeintliche —, die man für unerträglich hält, oder Fehler, die sie ein-

[87] Man vergleiche hierzu Heydweiller, „Johann Wilhelm Hittorf“, Leipzig bei Hirzel, 1915.

[88] Es kommt beim Lesen der zweiten, dritten und vierten Veröffentlichung Hittorfs „Über die Elektrizitätsleitung der Gase“ (Ann. d. Phys. u. Ch. 1874 bis 1883), im Vergleich zur ersten Veröffentlichung (2, 1869), unmittelbar der Eindruck, daß hier der geistige Schwung von der Fülle rein technischer Kleinarbeit erdrückt worden war. Die ausgeführten Versuche, Beobachtungen, Messungen scheinen sich hier mehr nach der Begrenzung der äußeren Hilfsmittel richten zu müssen, als nach den Geisteskräften des Forschers. So wahr es ist, daß die großen Mittel keineswegs den großen Forscher machen und daß Anfänger immer nur mit Nutzen mit kleinsten Mitteln sich versuchen werden, so gibt es doch Gebiete, die ohne reichliche technische Hilfsmittel nur kümmerlich bearbeitbar sind, und dazu gehörte damals auch das der elektrischen Gasentladung, nachdem die gebräuchlichen Mittel auf diesem Gebiete durch Hittorfs eigene erste Arbeit bereits erschöpft waren. Hittorf war fast ganz auf seine eigenen Hände angewiesen; Crookes — Sohn eines glücklicheren Landes — konnte die geschickte Hilfe seines Glasbläsers nicht nur rühmen, sondern offenbar auch ausgiebig derselben sich bedienen. — Immerhin soll aber auch nicht verschwiegen werden, daß wohl nur der Deutsche, gleich Hittorf, auch dort sich abmüht, wo noch Keiner genügend vorgearbeitet hat und Keiner zu genügender Hilfe da ist, so daß die Aussicht auf Erfolg in schlechtem Verhältnis zur Mühewaltung steht; er sollte hierin aber von seinen Volksgenossen verstanden — und nicht mißbraucht werden.

[89] Daß man Hittorf schließlich in seinen spätesten Tagen — er ist 90 Jahre alt geworden — noch allerlei Ehrungen darbrachte, ist ja ganz schön, war aber doch verhältnismäßig wenig zweckvoll, machte auch den Eindruck, daß man den Löwen am meisten dann liebt, wenn er keine Zähne mehr hat.

mal gemacht haben mögen oder sollen, und verbohrt sich hierein. Es ist überflüssig, über diese Wahrheit hier im allgemeinen mehr zu sagen; man hat Bismarck und Karl Peters als großartige, allbekannte Beispiele von Verunglimpfung und Verstoßung allzu Befähigter — Himmelsgesandter —, ohne daß der Zorn Verständiger dagegen wirksam geworden wäre; — offenbar auch hier wegen Stumpfsinnes unerzogener Massen, die nur höchst persönliche Belange als treibende Kraft kennen.

Im einzelnen, Hittorf betreffend, bemerkt man leicht den Zeitpunkt seines Lebens, zu welchem die Fürsorge verständiger Volksgenossen spätestens eingesetzt hätte, um Hittorf aus den kleinen, an Hilfsmitteln ärmlichen Verhältnissen der Münsterer Akademie in bessere Arbeitsgelegenheit zu berufen, und damit seine Geistesgaben zu bestem Nutzen zu bringen. Es war der Zeitpunkt, zu welchem zum erstenmal weithin merkliche Früchte seiner Arbeit gereift waren: das Bekanntwerden von Crookes vielbewunderten Versuchen, durch welche der Gegenstand geeignet geworden war, vor die Allgemeinheit gebracht zu werden. Aber Deutschland hat versagt: Übersetzer und Verleger des Vortrags von Crookes, angesehene Sachkundige haben keine Verpflichtung gegen einen ins Hintertreffen geratenen wertvollen Volksgenossen verspürt und keinen daraus hervorgehenden Mut des Eingreifens zu seinen Gunsten gefaßt. Man begnügte sich damit, den Engländer, der Hittorf nicht genannt hatte, damit zu entschuldigen, daß ihm also „offenbar“ Hittorfs Arbeiten unbekannt geblieben seien;[90] ja man schien damit sogar die Entbehrlichkeit von Hit-

[90] Diese Behauptung muß — auch abgesehen davon, daß überhaupt Niemand der zum mindesten indirekten Einwirkung veröffentlichter Ergebnisse sich zu entziehen vermag — als ganz töricht bezeichnet werden, wenn man bemerkt, daß Crookes in seinem Vortrag selbst die Wendung braucht — nachdem er in der Einleitung Faradays gedacht hat —, den (von Hittorf entdeckten) dunklen Raum um die Kathode als „eine wohlbekannte in Vakuumröhren beobachtete Erscheinung“ einzuführen. Man weiß, daß es die ganz gebräuchliche Wendung nicht nur englischer Autoren ist, die Leistungen ihrer Vorgänger als „wohlbekannt“ einzuführen, wenn die ausdrückliche Hervorhebung der Verdienste und die Namensnennung der Vorgänger für überflüssig gehalten wird oder aus irgendeinem Grunde umgangen werden soll. Für Deutschland hätte allerdings Crookes die Leistungen von Plücker und Hittorf als wohlbekannt — in noch höherem Maße als in England — sollen voraussetzen dürfen. Daß dem die Wirklichkeit nicht entsprach, ja daß man in Deutschland so charakterlos war, eben denselben dunklen Raum nun „Crookesschen Raum“ zu nennen und zu tun als wäre Hittorf nicht gewesen, ist nicht Crookes', sondern unsere Schuld.

TORFS Arbeit für dargetan zu halten.[91] Wenigstens habe ich nirgends, auch nicht in der Literatur der späteren Folgezeit, irgendwelche Bemühungen gefunden, zu zeigen, wie in der Tat dieser deutsche Forscher mit seiner deutschen Art des vorsichtigen, tiefgründigen, dabei keine Mühe scheuenden Eindringens — abhold dem Beifall, welchen leichtfaßliche, aber bei Gründlichkeit doch wenig befriedigende Erklärungen einzubringen vermögen — die feste Grundlage geschaffen hatte, auf der alles weitere, auch CROOKES Leistung, sich aufbaute.[92]

Das letztere bei passenden Gelegenheiten, und wenn nötig immer wiederholt zu sagen und dabei zu betonen, daß zwischen HITTORF und CROOKES, der zeitlichen Folge ihrer Arbeiten nach, ein Fehlen von Kenntnis und Beeinflussung — gewollt oder ungewollt — als ganz ausgeschlossen zu betrachten sei, hätten deutsche Fachleute der damaligen Zeit ruhig unternehmen können — und natürlich auch sollen — ohne Besorgnis, dadurch CROOKES irgendwie zu nahe zu treten; zum allermindesten hätte es im Vorwort zur deutschen Übersetzung von CROOKES Vortrag gesagt werden müssen, schon allein nur um nicht den Eindruck von schmählicher Unwissenheit oder verächtlicher Allerweltsdienerei bei Kundigen aufkommen zu lassen, — Eindrücke, welche man allerdings damals in Deutschland vielleicht noch mehr zu fürchten hatte als heute.[93]

---

[91] Man kann sich wohl den niederschmetternden Eindruck auf HITTORF vorstellen. Es befiel ihn zu dieser Zeit ein schweres Nervenleiden.

[92] Man findet beispielsweise in dem sehr ausführlichen und umfassenden, lange Zeit maßgeblich gewesenen Werk über Elektrizität von G. WIEDEMANN (1885) zwar HITTORFS Versuche nahezu vollzählig beschrieben, aber doch von der großen Fülle des weniger Gründlichen und im Text auf gleichen Rang Gestellten fast erdrückt, und das Grundlegende von HITTORFS Arbeit und ihr zeitlich weites Vorangehen ist bloß in einer Fußnote betont (a. a. O. S. 413); die Kathodenstrahlen werden ohne Entdecker mittels einer aus viel späterer Zeit stammenden Abbildung eingeführt.

[93] CROOKES' Vortrag erscheint jetzt (1920) wieder, in 6. Auflage, — unverändert! Man kann also auch heute noch leicht die Urkunde sehen, für deren weite Verbreitung in Deutschland von Anfang gut gesorgt war und die es HITTORF einst klar machen mußte, wie es mit ihm in seinem Vaterlande stehe; wer Empfindung dafür hat, kann seine Freude dabei noch heute nachfühlen. — Ich habe den gewerbsmäßigen, von tiefergehenden Rücksichten freien Übersetzungsbetrieb schon bei früheren Gelegenheiten öffentlich getadelt; er ist ein Zeichen deutscher Schwäche und war als solches schon seit etwa 1900 reichlich vorhanden.

Deutsche Art der Forschung, die seit Kepler und Guericke so viel Grundlegendes gefördert und namentlich auch so Vieles in die feste quantitative Fassung hat bringen helfen, ohne die die Naturwissenschaft ihre Leistungsfähigkeit nicht besitzt, würde zu allgemeinem Nutzen erst recht sich entwickeln können, wenn sie nicht aus deutscher Verständnislosigkeit immer wieder — wie bei Hittorf — dem Verkümmern ausgesetzt wäre.

Es war nicht überflüssig, diese wenig angenehmen Dinge hier auseinauderzusetzen; denn die Fehler, mit welchen gegen Hittorf gesündigt wurde, bestehen noch heute — wohl kaum vermindert — in Deutschland, wenn sie auch immer wieder andere Formen annehmen, und sie gehören zum Schlimmsten, womit ein Volk sich selber und damit auch der Allgemeinheit Schaden antun kann.

II. Reine Versuche.

(Zu Seite 13—17, 25 u. ff. des Vortrags.)

Reine Versuche nenne ich solche, bei denen es sicher steht, daß das Beobachtete wirklich der angenommenen Ursache, die man verfolgen will, zugehört und nicht etwa ganz anderen Dingen, die noch mitspielen weil man versäumt hat oder außer stande war, sie gehörig zu erfassen und auszuschalten. Unreine Versuche bieten sich stets leicht von selber, und es werden deren daher immer viele veröffentlicht, besonders wenn neue Hilfsmittel dargeboten worden sind, die neue Versuchsbedingungen ermöglichen. Aber obgleich im letzteren Falle auch leicht neuartige Versuche möglich sind, ist deren Verdienst doch nur gering, oft sogar negativ, wenn sie nicht rein sind. Man denke an viele, heute fast vergessene Versuchsbeschreibungen aus der Zeit nach der Bekanntmachung von Voltas Säule, da fast Jeder, der dieser neuen Stromquelle habhaft wurde, Wärme-, chemische (und magnetische) Wirkungen in Vermischung an derselben beobachtete, oder an die vielen Versuche mit Radiumstrahlen, als radioaktive Körper bekannt und käuflich wurden. Erste Versuche auf neuerschlossenen Gebieten müssen allerdings notwendigerweise unrein sein, da man die verschiedenen zufällig zusammenwirkenden Vorgänge zuerst kennen lernen und dann trennen muß, worin eben das Vordringen zu reinen Versuchen besteht. Solche ersten Versuche sind in der Tat nur orientierende Versuche, so z. B. alle Versuche mit Radiumstrahlen, die vor Erkennung von deren dreifacher Natur angestellt sind, oder alle Versuche mit elektrischen Entladungsröhren vor Herauslösung des einfachen Vorganges der Kathodenstrahlen. Der gewissenhafte, ernstlich nach Eindringen in die Tiefe strebende Forscher muß dabei aus dem Fehlschlagen des Verstehens der Erscheinungen sich klar sein, daß er nur im Stadium der Vorversuche sich befindet, und er wird es von selber fühlen, daß es wenig Zweck hat, solche Versuche in Breite, ja wohl überhaupt zu veröffentlichen, wenn sie nicht wenigstens die Beschreibung wesentlich neuer Erscheinungsformen bieten können, wie z. B. die Schichtungen bei der elektrischen Entladung in verdünnten Gasen, die Faraday, Plücker und Hittorf fanden. Man empfängt beim Durchblättern alter Originalliteratur, z. B. alter Bände der „Annalen", deutlich den Eindruck, daß die Beschäftigung mit unreinen Versuchen zu den größten Kraftverschwendungen gehört, die unter Menschen je vorgekommen sind; denn man erkennt, daß beträchtliche Teile von Bänden als nutzloser Ballast in der Literatur tot liegen geblieben sind, weil sie unreine Versuche betrafen, mit denen man weder zu ihrer Zeit noch seither etwas anzufangen wußte. Reine Versuche dagegen bilden stets Bausteine, die dauernd eine Rolle spielen im Gesamtgefüge der Wissenschaft, sei es, daß sie unmittelbar zu neuen bleibenden Einsichten geführt haben, oder daß sie den Weg dazu geebnet haben, und es ist reizvoll und lehrreich, und man hat nicht den Eindruck vergebliche Mühen nochmals mitzuerleben, wenn man in alten Zeitschriftenbänden solchen Stadien auf dem einstigen Wege der Erkenntnis begegnet und die damaligen Schwierigkeiten ihrer Erreichung von neuem sich vergegenwärtigt. Bunsens fast sämtliche Arbeiten sind Beispiele hierfür, natürlich auch Faradays oder Fresnels Experimentaluntersuchungen und nicht minder Guerickes alte Versuche über den leeren Raum. Bei Bunsen ist es besonders bemerkenswert, daß er trotz der großen Mannigfaltigkeit seiner Arbeiten, die immer wieder veränderte Hilfsmittel erforderten, fast niemals in die Lage kam, aus Unvollkommenheit der Mittel mit unreinen Versuchen sich zu befassen, obgleich er seine Hilfsmittel stets erst selber aus einfachen Bestandteilen sich schuf. Er wußte es offenbar zu vermeiden, auf Gebiete sich zu begeben, für welche er nicht in der Lage gewesen wäre, die für reine Versuche nötigen Mittel zu beschaffen. Was er beginnt, trägt den Charakter des Strebens nach Reinheit, und es werden dann vor allem die Hilfsmittel neu erfunden, die diesem Streben

Genüge leisten. So das Eiskalorimeter, in welchem die zu messende Wärme durch die Besonderheit des Instruments gezwungen wird, restlos Eis zu schmelzen, während sie im Mischungskalorimeter, wenigstens in dessen damaligen gewöhnlichen Ausführungen kleinen Maßstabs, stets erheblichen Teils davonlief.[94] Oder wenn er, um zu reinen Flammenversuchen zu kommen, erst seine nichtleuchtende Gasflamme mit den sauber getrennten Räumen verschiedener Temperatur und Reaktionsfähigkeit anstelle der alten flackernden Alkoholflamme setzt, deren Docht immer Quelle unkontrollierbarer chemischer Unreinheit war, dann die Metallflammen nicht mehr nur mit bloßem Auge oder durch Farbgläser beobachtet, sondern ihre Lichter in eindeutiger prismatischer Zerlegung untersucht, und wenn er endlich in sauberer chemischer Arbeit zur Feststellung der Spektrallinien gelangt, welche den einzelnen Elementen eigentümlich sind — eine Kette von Versuchen, die alle weiter nichts als rein sein wollten — und so die feste Grundlage der chemischen Analyse durch Spektralbeobachtungen schafft, mit allen ihren heutigen bis zu den fernen Gestirnen reichenden Anwendungen. Man findet solche Forscher wie Bunsen und Guericke, wenn man sie im Original wieder aufsucht, auch stets sehr viel reicher, als sie in den landläufigen Büchern aussehen, in deren Schlagwörtersystem der ganze Geist der Großen nicht paßt. So findet man mit dem Namen Guericke gewöhnlich nicht viel mehr als die Stiefelluftpumpe und die Magdeburger Halbkugeln verbunden; die erstaunliche Vielseitigkeit seiner Versuche und Überlegungen, wodurch er der Bahnbrecher vieler, später von Anderen verfolgter Fortschritte wurde, bleibt verborgen, beispielsweise auch, daß er als erster seine Pumpe benutzte, um die von ihm selbst — wenn auch noch im etwas krausen Charakter der damaligen Zeit — aufgeworfene Fundamentalfrage zu entscheiden, ob Schall, ob Licht — in heute gewohnter Ausdrucksweise — Vorgänge in der Materie oder im Äther seien.

---

[94] Wie sehr Bunsen selbst seines Strebens nach reinen Versuchen sich bewußt war, zeigt in köstlicher Weise die Bemerkung, mit welcher er einem für Herschel geltend gemachten Anspruch auf eine frühere Konstruktion des Eiskalorimeters begegnet (Werke, III, S. 499): „In Beziehung auf zu messende Wärme verhält sich daher mein Instrument zu dem Herschelschen genau wie, in Beziehung auf zu messende Flüssigkeiten, ein wasserdichtes Gefäß zu einem Siebe. Man wird aber wohl kaum von einer und derselben Methode reden können, wenn der Eine Flüssigkeitsmessungen mittelst des Siebes, der Andere mittelst des wasserdichten Gefäßes ausführt."

Daß man in historischen Darstellungen im allgemeinen, besonders aber auch über unseren Gegenstand, wenig Verständnis für die Wichtigkeit reiner Versuche antrifft, vielmehr gewöhnlich auch unreine Versuche als beweisend genommen findet, wenn sie nur später nicht widerlegt worden sind, also mehr oder weniger zufällig das Richtige getroffen hatten, sofern letzteres überhaupt sicher steht, hat mich immer sehr verwundert. Die so Darstellenden sehen wohl den Naturforscher mehr als Glücksspieler an, denn als Gewissensmann. Solche Auffassung ist aber keineswegs förderlich, und auf wohl keinem andern Gebiete der Physik als auf dem hier betrachteten sieht man deutlicher die ungeheure Kraftverschwendung, welche unreine Versuche, die hier in so großer Zahl und durch so lange Zeiträume hindurch angestellt worden sind, nicht nur deren Urhebern, sondern auch den Lehr- und Handbuchverfassern, die sie aufnahmen, und allen deren Benutzern brachten. Man sehe z. B. die fast 500 Seiten über das „Elektrische Verhalten der Gase“ in G. Wiedemanns „Lehre von der Elektrizität“, Bd. IV, 1885, mit vielen auf unreine Versuche gestützten „Theorien“, die einander teilweise bis zur gegenseitigen Ausschließung widersprechen, was alles beim Studium den trostlosen Eindruck hinterläßt, daß man hier wohl viel sich bemüht habe, aber im Endresultat doch nicht mehr wisse, als in ganz wenigen Worten zu sagen wäre.[95]

Daß gerade auf unserem Gebiete die Fülle der unreinen Versuche so groß ist, liegt zu einem Teil in der großen Verwickelung gleichzeitiger verschiedener und sämtlich unbekannter Vorgänge in den der elektrischen Entladung unterworfenen Gasen, die man nicht zu trennen wußte — was für die ganze lange Zeit vor Hittorf zutrifft —, zum anderen Teil — seit Hittorf die Kathodenstrahlen als einfachen Vorgang herausgeschält hatte — in den hohen Anforderungen in bezug auf die Hilfsmittel, welche zu weiterem Vordringen in reinen Versuchen nötig gewesen wären. Letzteres scheinen viele Bearbeiter des Gebietes — ungleich einem Bunsen — nicht verspürt zu haben; sie besaßen die Mittel nicht — die zum Teil erst hätten gefunden, bzw. bereit gestellt werden müssen, wie bessere Pumpen, deren Zubehör und vollkommen dichte Gefäße —, machten sich aber doch an die Arbeit und be-

[95] Es ist das übrigens auch der Eindruck, welchen manche — nicht zur Physik gerechnete — Wissenschaften fast in ihrem Gesamtumfang bis heute noch machen, da reine Versuche ihnen versagt sind.

gnügten sich mit dem Anschein der Neuartigkeit ihrer notwendigerweise unreinen Versuche. Andere, unzweifelhaft nach der Tiefe strebende Forscher, wie HITTORF und HERTZ, waren sich offenbar der schlimmen Sachlage wohl bewußt, als sie mit unzulänglichen Mitteln an die Arbeit auf diesem Gebiete gingen — man vergleiche das oben im Anhang I hierzu Gesagte[96] — und sie suchten abzuhelfen einesteils indirekt durch neuartige klar gedachte Versuchsprinzipien, worin besonders HERTZ sehr erfindungsreich war (7)[97], andernteils direkt durch eigenhändige Herstellung neuer Hilfsmittel, die auf vergrößerte Reinheit der Versuche zielten, nämlich vielzelliger Spannungsbatterien, die die stoßweise Entladung des Induktoriums durch eine kontinuierliche ersetzen sollten. Allerdings waren das durchaus richtige Gedanken; aber die Batterien reichten doch nicht bis zu denjenigen hohen Spannungen, die zu dem hohen Vakuum gehörten, das seit HITTORFS Strahlversuchen an sich als Erfordernis reiner Versuche deutlich angezeigt erschien. Dabei zehrte die Herstellung und die Instandhaltung der Batterien die Arbeitskräfte des Einzelnen so weit auf, daß die Gesamtdurchführung der Untersuchung darunter offenbar litt, ja daß sie großenteils auf eine Vorarbeit beschränkt blieb, die zeigte, was mit der Batterie zu erreichen sei. Die hierher gehörigen Veröffentlichungen von HITTORF und HERTZ

---

[96] Bei HERTZ ist das starke Streben nach reinen Versuchen sogar unmittelbar unzweifelhaft dargetan allein schon durch die bei ihm zum erstenmal erscheinende Definition „reiner" Kathodenstrahlen — als solcher, „die von der sie erzeugenden Strombahn getrennt" sind — (7b, S. 270). Nach seiner mir gegenüber getanen Äußerung (s. S. 16 des Vortrags) zweifle ich auch nicht, daß HERTZ seinerzeit (15) die Durchlässigkeit der Metallblätter für Kathodenstrahlen ganz besonders im Hinblick auf die Möglichkeit reiner Versuche erprobt und sichergestellt hatte. Zu meinen danach folgenden Versuchen, die davon Nutzen zogen, konnte er kaum mehr sich aussprechen, da dieselben bereits in die Jahre seiner Krankheit fielen, die ihn mit seinen Kräften aufs äußerste haushalten ließ. Gewundert hat es mich, daß er zu erhoffter Fortsetzung seiner Versuche eine vielzellige Akkumulatorenbatterie vom Institutsmechaniker sich bauen ließ, die doch — wie meine Absorptionsmessungen (21) damals schon gezeigt hatten — nicht die genügende Spannung geliefert haben würde, um Strahlen zu erzeugen, die die Ausnützung des Aluminiumfensters zu reinen Versuchen gestattet hätten. Seine tatsächlichen Pläne mit dieser Batterie waren mir indessen im einzelnen unbekannt geblieben.

[97] Man beachte z. B. nur, daß HERTZ der erste war, der jemals magnetische und elektrische Ablenkung der Kathodenstrahlen kombiniert hatte, um daraus das Verhältnis von Ladung zur Masse und die Geschwindigkeit zu bestimmen, wenn er auch von eingehender Durchführung absieht.

machen in der Tat heute den Eindruck eines den Verfassern großenteils bewußt trostlosen Kampfes unter ungünstigen Verhältnissen, und der Enderfolg dieses Teiles ihrer Arbeit für den Fortschritt entspricht dem auch: es waren in wesentlichen Punkten Irrgänge.[98]

Auch SCHUSTER wäre hier in derselben Beziehung zu nennen (vgl. S. 28—30 des Vortrags), aber es fehlt bei ihm — wie seine eigene Darstellung in einem von 1911 datierten Buche „Ergebnisse der Physik während 33 Jahren" zeigt — das Gefühl des gewaltigen Unterschiedes zwischen reinen und unreinen Versuchen[99], sonst hätte er nicht die ebenfalls unreinen Versuche von J. J. THOMSON den seinigen gegenüber so unbedingt und ohne nähere Erklärung als „nächsten wichtigen Fortschritt" hinstellen können, wie er es in dem genannten Buche tut.[100] Daß J. J. THOMSONs Versuche überhaupt ein Fortschritt waren, ging in Wahrheit erst daraus hervor, daß die an dieselben geknüpften Schlüsse sich später bewährt haben; und daß J. J. THOMSON in der Lage war, mit weit besserer Aussicht auf stichhaltige Erfolge an die Arbeit

[98] Welcher Unterschied aber zwischen diesen Beispielen hartnäckiger Kämpfe unter unvermeidlich ungünstigen Verhältnissen einerseits und den sorglosen Erleichterungen andererseits, die man in späteren Zeiten sich erlaubte, indem man bereits vorhandene, allerdings vielleicht etwas beschwerliche Mittel zu reinen Versuchen verschmähte! Daß auch diese späteren Beispiele unreiner Versuche oft nicht wenig Kraftverschwendung und Irreführung bedeuteten, habe ich eingehend auseinandersetzen müssen, als es sich darum handelte, gesicherte Resultate zum gegenwärtigen Stand der Kenntnis des Gegenstandes aus der Fülle einander widersprechender Veröffentlichungen herauszuschälen (man vergleiche den Abschnitt über „Ursprung der vermeintlichen Unsicherheit der quantitativen Kenntnis des Gegenstandes" in „Quantitatives über Kathodenstrahlen aller Geschwindigkeiten", 1918).

[99] Dazu kommt außerdem noch ein weiteres Bedenken gegen die SCHUSTERschen Versuche, welches dieselben den HERTZschen gegenüber als Rückschritt erscheinen läßt; vgl. Anhang IIIb.

[100] Die eigentümliche Selbstwegwerfung, welche hierbei SCHUSTER J. J. THOMSON gegenüber begeht, dem er außerdem — einer Angabe des letzteren entsprechend — zugibt, daß seine eigene Arbeit „die Aufmerksamkeit der Physiker nicht auf sich lenkte" (während ihn mein schon 1906 erschienener Vortrag eines anderen hätte belehren können), hat mich überrascht und unter den Eindruck gebracht, als ob hier und bei den sonstigen Absonderlichkeiten des Buches eine besondere Absicht zugrunde liegen müßte. SCHUSTER lebte als eingewanderter Deutscher (wenn auch der Abstammung nach offenbar Jude) in England, und der Deutschenhaß mag damals — nicht lange vor Ausbruch des großen Krieges — dort schon genügend fühlbar geworden sein, um mancherlei Rettungsversuche zu zeitigen.

zu gehen, als SCHUSTER, liegt daran, daß seit SCHUSTERS Versuchen zum erstenmal unzweifelhaft reine Versuche über die Strahlen bekannt geworden waren (die auf S. 17, 27 u. 46 des Vortrages geschilderten Versuche; vgl. zur zeitlichen Folge das Literaturverzeichnis), die anschaulich zeigten, wie man sich einrichten müsse, wenn man die größere Bequemlichkeit der gewöhnlichen Entladungsröhre mit möglichst geringer Gefahr ihrer Unreinheit verbinden wollte, was in der Tat J. J. THOMSON getan hat.[101]

---

[101] Unmittelbar wesentlich für J. J. THOMSONS Versuche und seine Schlüsse war — außer dem eben gedachten Wegweis zur Reinheit — auch die bereits gewonnene Erkenntnis, daß Kathodenstrahlen Vorgänge im Äther sind, also keine geschleuderten Gasmoleküle. Erst hiermit war es gegeben, das gemessene Verhältnis von Ladung zur Masse so zu deuten, wie man das heute gewohnt ist (nicht Masse von Atomgröße mit sehr starker Ladung, sondern elektrolytische Einheitsladung mit sehr kleiner Masse; vgl. S. 30 des Vortrags). J. J. THOMSON schreitet zu dieser Deutung vor, indem er selber viele Versuche in verschiedenen Gasen anstellt und das genannte Verhältnis konstant findet. Diese Versuche waren aber damals gar nicht mehr nötig zur Deutung des Verhältnisses, wohl aber konnten sie wahrscheinlich machen, daß J. J. THOMSONS Versuche nicht **wesentlich** unrein waren, daß nämlich der Gasrest in seinen Versuchen geringfügig genug war, um nicht wesentlich mitzuwirken.

Wie umwälzend damals den englischen Forschern mein Schluß erschien, daß Kathodenstrahlen keine geschleuderten Moleküle seien, habe ich unmittelbar bei Gelegenheit der englischen Naturforscherversammlung in Liverpool 1896 bemerken können. Man glaubte dort mein Resultat der ungestörten Fortpflanzung der Strahlen im äußersten Vakuum durch Gasreste erklären zu müssen, indem man annahm, daß das Aluminiumfenster für den Beobachtungsraum als neue Kathode wirke, wogegen ich versichern konnte, daß das von mir benutzte Vakuum in der Tat außerordentlich hoch gewesen sei, was dann Anlaß gab, zu denken, daß vielleicht Aluminiumatome vom Fenster durch den Stoß der auf der anderen Seite desselben auftreffenden Gasmoleküle losgeschleudert und von mir im Vakuum als Kathodenstrahlen beobachtet worden seien. Besonders G. STOKES entwickelte solche Anschauungen sowohl mündlich bei der gedachten Versammlung als auch in gedruckten Veröffentlichungen („Annual adress of the Victoria Institute", London 1896, auch „Manchester Memoirs", 41, IV, 1896/97). J. J. THOMSON hatte schon vorher zu der von HERTZ gefundenen Durchlässigkeit der Metallblätter ähnlich sich geäußert („Recent Researches in Electricity", Cambridge 1893, S. 126, Fußnote); der Umschwung scheint sich bei ihm zur Zeit der gedachten Versammlung angebahnt zu haben, bei welcher er allerdings noch die geladenen **Gaspartikel** verteidigte, die **Ätherwellen** aber — sehr mit Recht — ablehnte, ohne übrigens einen festen Standpunkt einzunehmen, während ich die Erscheinungen am Aluminiumfenster vorführte und in Diskussionen eingehende Auskünfte gab, welche auf den ebenfalls anwesenden Lord KELVIN bereits überzeugend zu wirken schienen in dem Sinne, daß hier etwas ganz Neues vorliegen müsse, was man nach damaligem Kenntnisstand sowohl als „Äthervorgang" unbekannter Art, als auch als geschleudertes

Die Oberflächlichkeit der SCHUSTERschen Darstellung, die diesen Sachverhalt verkennt, ist übrigens, da sie auch vor junge Deutsche gebracht worden ist[102], von ganz allgemeinen Gesichtspunkten aus gar nicht entschieden genug abzulehnen. Historische Darlegungen irgendwelcher Art sollten, wie in der allgemeinen Geschichte der Völker so auch in der Geschichte der Wissenschaft, immer dem Zweck dienen, kommenden Menschen die Fehlschläge und die Erfolge der vergangenen als Wegweiser für eigenes Handeln zu zeigen. Sie sollten also, die Fehlschläge mit ihren wirklichen, tiefsten grundsätzlichen Ursachen — als Fehler, die zu vermeiden seien — zeigen und die Erfolge als Endresultate zweckmäßigen Strebens — nicht als merkwürdige Glanzpunkte unergründlichen Ursprungs, an denen man bloß sich zu erfreuen habe — um zu lehren, wie es zu solchen Glanzpunkten gekommen ist und was also künftig zu pflegen und wie zu verfahren sei, um möglichst viele solcher Glanzpunkte herbeizuführen. Anders geschriebene Geschichte ist schlimmer als nur Papierverschwendung.

III. Experimentaluntersuchungen, welche die heutige Erkenntnis vom Wesen der Kathodenstrahlen begründet haben.

(Zu Seite 24—32 des Vortrags.)

Ich habe im vorliegenden Vortrage, wie es zu dessen Anfang gesagt war, außer den Arbeiten der Vorgänger, die ich bereits

---

geladenes „Partikel“ — aber nicht Molekül oder Atom, sondern ebenfalls unbekannter Art — bezeichnen könne. Meine Beweise gegen die Annahme einer vom Aluminiumfenster ausgehenden neuen Entladung, die übrigens damals auch bereits veröffentlicht waren (18b, S. 240), waren die folgenden: 1. die Strahlen setzen sich hinter dem Aluminiumfenster auch in einen metallisch vollkommen geschlossenen Raum hinein fort, in welchen die elektrischen Kräfte der Entladung gar nicht dringen können; 2. die Rückseite einer durchstrahlten Schicht sendet nur an denjenigen Stellen Strahlen aus, welche vorn bestrahlten gegenüberliegen; 3. die Strahlung von der Rückseite geht nicht senkrecht aus, wie von einer Kathode, sondern diffus nach allen Richtungen. — Bemerkenswert ist, daß der letzte Versuch zur Verteidigung der STOKESschen Anschauung in einer Veröffentlichung von MAC CLELLAND aus J. J. THOMSONS Laboratorium unternommen wurde — wie zum Schein, möchte man sagen — (Proc. Roy. Soc. 61, S. 227, datiert 15. März 1897), während J. J. THOMSON selber schon am 30. April desselben Jahres erstmalig seine oben erwähnten, von ganz anderem Standpunkt ausgehenden, meine Ergebnisse benutzenden Versuche veröffentlichte (25).

[102] Das genannte Buch ist durch einen Leipziger Verlag in deutscher Übersetzung erschienen.

vorgefunden habe und die meiner eigenen Arbeit die Grundlage gaben, auch diejenigen Veröffentlichungen genannt, welche die betreffenden „neuen Fortschritte des Wissens zum erstenmal und in überzeugender Weise mir gebracht zu haben scheinen, auch dann, wenn ich sie seinerzeit für mich zu spät hatte kennen lernen“ (Fußnote 1, S. 11). Es kann dadurch gewiß kein ungerechtes Bild der Entwickelung entstanden sein; ich möchte dasselbe aber hier an der in der Überschrift dieses Anhangs gekennzeichneten, für die Folge wesentlich entscheidend gewordenen Stelle ergänzen durch vollständige Aufzählung der Ereignisse, welche hier Beiträge geliefert haben. Es gibt mir dies auch die Gelegenheit, sowohl Arbeiten zu nennen, welche vor den meinigen, verwandten, veröffentlicht worden sind, ohne aber mir überzeugend erschienen zu sein[103], als aber auch später erst erschienene Arbeiten. Dabei kann ich außerdem im einzelnen die Bedenken angeben, welche gegen die Beweiskräftigkeit mancher der in Betracht kommenden Arbeiten mir vorzuliegen schienen, und es kommen dabei alle die Schwierigkeiten und Hindernisse zur Sprache, welche damals auf dem Wege der Erkenntnis lagen — Schwierigkeiten, die man später, wenn die Erkenntnis erst einwandfrei gewonnen und dann längst wiederholt bewährt ist, nicht mehr zu sehen gewohnt ist, deren Beseitigung aber doch seinerzeit die Hauptarbeitsleistung auf diesem Wege bedeutete. Es ist erfahrungsgemäß in der Tat nicht leicht, solche überwundenen Schwierigkeiten vergangener Zeiten — sei es auf welchem Gebiete auch immer — klar sich vor Augen treten zu lassen; denn es erfordert dies ein Absehen von viel Bekanntem und längst Alltäglichem, damals aber Unbekanntem, ja zum Teil sehr Fernliegendem, ein Sichzurückversetzen in den ungewohnten Gesichtskreis einer vergangenen Zeit. Gerade in der Lösung dieser Aufgabe besteht allerdings ein wesentlicher Teil der Kunst des gerechten Historikers, und es ist daher wohl einzusehen, warum manches als „Geschichte“ der Wissenschaft geschrieben und in die gewöhnlichen Lehrbücher übergegangen ist, das die beteiligten Forscher, wenn sie auferstünden, wohl be-

---

[103] In meinen ursprünglichen Veröffentlichungen über den Gegenstand habe ich auch den Arbeiten dieser Art meist ohne weiteres die Priorität eingeräumt, da ich das Urteil den Lesern überlassen wollte. Jetzt, nach 23 Jahren, gebe ich auch mein eigenes Urteil ab, welches übrigens noch immer ganz meinem damaligen Empfinden entspricht.

fremden würde.[104] Am leichtesten kann die Darstellung aus dem Gesichtskreis der vergangenen Zeit wohl dem gelingen, der die Zeit selbst miterlebt hat und lebhaft beteiligt war an den damaligen Bemühungen. Dadurch mag es sich vielleicht rechtfertigen, wenn ich hier in der Form des eigenen Erlebnisses ausführlicher als im Vortrag über den besagten wichtigen Teil der Entwicklung unseres Gegenstandes berichte. Ich unterscheide dabei drei verschiedene Untersuchungsrichtungen, im nachfolgenden mit a, b, c bezeichnet.

a) Tragen Kathodenstrahlen negative Elektrizität?

Die Frage war gegeben, seit Hittorfs Resultat (1869), daß die Strahlen „als einfache Ströme sich bewähren“ (2, s. Anhang I). Crookes (5) bejahte sie 10 Jahre später unmittelbar durch seine Annahme geschleuderter negativ geladener Moleküle, ohne aber Beweise dafür zu bringen. Hertz, der zuerst (1883) in einer besonderen experimentellen Untersuchung mit allem Scharfsinn der Frage zu Leibe ging, gelangte zu ihrer Verneinung (7, vgl. die Anhänge I und II). Dabei scheint er sich aber — ohne das allerdings auszusprechen — mehr auf seine Versuche mit der Magnetnadel gestützt zu haben, in welchen die Strahlen nicht als Stromleiter sich gezeigt hatten, als auf die elektrometrischen Beobachtungen, welche zur direkten Beantwortung der Frage hätten führen müssen. Diese letzteren Beobachtungen machen den Eindruck des Provisorischen unter dem Einfluß äußerer Beschränkungen; sie werden von Hertz selbst als „allerdings unvollkommen“ bezeichnet, und die Art der Schlußfolgerung befriedigt nicht, so fein auch der Versuchsplan ausgedacht war. Im ganzen schien mir aber seinerzeit — bis zur Durchführung überlegener Versuche — nichts Besseres übrig zu bleiben, als der verneinenden Schlußfolgerung dieses seltenen Beherrschers von Experiment und Theorie, der am besten selber alle maßgebenden Einzelheiten seiner eigenen Versuche kennen mußte, zuzustimmen.[105] Was die Feinheit

[104] So würde sich Papin wohl wundern müssen, wenn er von der „Erfindung der Dampfmaschine durch Watt“ hörte, und andererseits ebenso Mariotte, wenn er vom „Boyleschen Gesetz“ hörte als einer schon vor ihm wohl begründeten Erkenntnis.

[105] Welches Hertz' eigene Meinung in späterer Zeit hierzu war, konnte ich nicht ergründen. Er vermied es in sehr bemerkenswerter Weise darauf einzugehen, und ich habe von seiner früheren, hier berührten Arbeit über den Gegenstand überhaupt nicht durch ihn, sondern nur auf anderem Wege und

seines Versuchsplans anlangte, so war dieselbe in der Tat nicht leicht zu übertreffen, und es verdient hervorgehoben zu werden, daß auch keine der späteren Untersuchungen, von denen man einige heute sogar als unbedingt beweisend hingestellt findet, diese Feinheit übertroffen hat, ausgenommen nur die von W. Wien (Deutsch. Phys. Ges., Nov. 1897 und Ann. d. Phys., März 1898) und mir (28, Januar 1898), welche den vollkommenen elektrischen Schutz durch das Aluminiumfenster und das vollständige Vakuum im Beobachtungsraum kombinierten. Hertz schützte den Raum, in welchem die etwaige Ladung der Strahlen aufgefangen und beobachtet werden sollte, durch ein engmaschiges zur Erde geleitetes Drahtnetz, welches die Strahlen passierten, und er fing diese in einem Hohlraum oder Käfig auf, der auch sonst elektrostatisch geschützt und mit einem Quadrantelektrometer verbunden war.

Was bei diesen Versuchen von Hertz prinzipiell zu wünschen übrig blieb und zu Zweifeln Anlaß gab, war das Vorhandensein des Gases im Beobachtungsraum, das unter dem Einfluß der Kathodenstrahlen — und zwar, wie meine späteren Versuche zeigten, durch alleinige Einwirkung derselben — elektrisch leitend wird, so daß, sobald die Strahlen den Käfig trafen, eine leitende Verbindung zwischen Kathode und Käfig durch die Netzmaschen hindurch hergestellt war, wodurch eine negative Aufladung des letzteren auch auf ganz anderem Wege entstehen konnte als durch den etwaigen, in Frage stehenden Elektrizitätstransport der Strahlen an sich, wobei man bedenken muß, daß der Vorgang der Elektrizitätsleitung im Gase damals — solange überhaupt die in der Überschrift genannte Frage noch offen war — noch so gut wie vollkommen ungeklärt war, so daß die bloße Möglichkeit der Mitwirkung dieses Vorgangs eine wesentliche Verdunkelung für die Schlußfolgerung bedeutete.

---

etwas verspätet Kenntnis erhalten. Diese Zurückhaltung entspricht übrigens ganz dem von ihm stets hochgehaltenen Gesichtspunkt, das Ungewisse möglichst nicht zu bereden, sondern es entscheidenden Versuchen zu überlassen. Jedenfalls kann man nach dieser Zurückhaltung aber auch annehmen, daß Hertz seine früheren Versuche selbst nicht für abschließend hielt, und seine auf S. 16 des vorliegenden Vortrags mitgeteilte Äußerung legt sogar die Annahme nahe, daß er die Durchlässigkeit der Metallblätter eben von dem Gesichtspunkt einer Fortsetzung dieser Versuche ausgehend bearbeitet hatte. Die Beschäftigung mit den Prinzipien der Mechanik und danach seine Krankheit hinderten ihn dann allerdings an aller weiterer Betätigung (vgl. die Fußnote 96).

Genau derselbe Einwand traf aber in ganz unverminderter Stärke auch die 14 Jahre späteren, gleichen Versuche zur selben Frage von J. J. Thomson (25); ja dieselben waren sogar weniger rein als die Hertzschen, da der elektrische Schutz des Strahlenweges weniger vollkommen war.[106] Man sieht, daß, wenn — wie es der Fall ist — J. J. Thomson aus seinen Versuchen auf Transport elektrischer Ladung durch die Kathodenstrahlen schließt, Hertz aus den seinen aber auf das Gegenteil, sogar das letztere Resultat nicht ohne Anrecht auf größeres Zutrauen war als das erstere und daß es unbegründet ist, J. J. Thomsons Versuche den Hertzschen gegenüber und auch überhaupt ohne weitere Aufklärung als beweisend anzunehmen. Nimmt man allerdings die heutige (aus W. Wiens und meinen Versuchen unzweifelhaft hervorgegangene) Kenntnis hinzu, so weiß man, daß Hertz' Schlußfolgerung unzutreffend war, und man muß dann fragen, an welchem Mangel seiner Versuche dies wohl gelegen haben möchte? Die Antwort erscheint mir aus eigener Erfahrung nicht schwierig; sie ist allerdings bisher meines Wissens nicht gegeben worden[107]: Es ist ein kleiner technischer Mangel seines Apparats, der zur Erleichterung der Herstellung in Kauf genommen war, und der die Eindeutigkeit seiner Beobachtungen verderben mußte. Es war der auffangende Käfig außen am Beobachtungsrohr angebracht, so daß die aufgefangene Ladung nur durch das Glas des Rohres auf das Elektrometer wirken konnte. Nach einfacher elektrostatischer Theorie sollte dies allerdings keinen Einfluß haben; man läßt aber dabei außer acht, daß das Gas im Rohr leitend wird und dadurch eine komplizierende, die Einzelheiten des Vorganges der Aufladung verwischende Rolle spielt.[108] Man kann wohl sagen,

---

[106] Daß J. J. Thomson magnetisch abgelenkte Strahlen in den Käfig gelangen ließ — was er selbst als einen Vorzug seiner Versuche besonders hervorhebt —, scheint mir ohne Belang gegenüber den Versuchen anderer Beobachter wie Hertz oder Perrin, da die letzteren ebenfalls den Magneten anwendeten, um zu sehen, ob die gesuchte Wirkung an den Strahlweg gebunden sei oder nicht, wenn sie auch die Strahlen nur auf geradlinigem Wege in den Käfig gelangen ließen.

[107] Man hat im Gegenteil in den bisherigen historischen Darstellungen sich damit begnügt, Hertz' Versuche einfach beiseite zu stellen, als wären sie im Prinzip verfehlt gewesen, während aber gerade das Gegenteil von letzterem zutrifft.

[108] Ich hatte bei der elektrometrischen Aufsuchung der (damals noch unbekannten) durch ultraviolettes Licht erzeugten Kathodenstrahlen im Anfang der Einfachheit halber ebenfalls außen an das Glas des teilweise evakuierten

daß nur das Nichtzurhandsein des Glasbläsers, der den Käfig schnellstens probeweise in das Innere des Rohres eingeschmolzen hätte, HERTZ damals verhindert hat, besser seinen Weg zu finden, ehe er diese Versuche abbrechen mußte[109], mit welchen er in Fragestellung und Auswahl der Durchführungsprinzipien seiner Zeit weit vorangegangen war.

Andere berechtigte Zweifel lagen gegenüber den PERRINschen Nachweisversuchen (These, Paris, Mai 1897[109a]) des Elektrizitätstransports durch die Kathodenstrahlen vor. Diese Versuche scheinen auf den ersten Blick rein zu sein; denn es war bei einem Teil derselben eine gasdichte Aluminiumfolie als elektrisch vollkommen schirmender Abschluß zwischen die Kathode und den Auffänger gestellt, somit ein Elektrizitätstransport durch Gasleitung von der Kathode in den Auffänger ausgeschaltet. Wenn man aber findet, daß eine ihrem Wesen nach unbekannte, erst noch zu erforschende Strahlung, wie die Kathodenstrahlen, eine Auffangefläche negativ auflädt, so ist es keineswegs ausgeschlossen, daß dies durch eine der (damals ihrem Endeffekt, wenn auch nicht ihrem Wesen nach bereits bekannten) lichtelektrischen

---

Rohrs befestigte Elektroden benutzt, war aber nicht imstande, sichere Anzeichen der Ladungen zu erhalten, welche die gesuchten Strahlen — wie mir dann die späteren Versuche zeigten — tatsächlich an das Innere der Glaswand gebracht haben mußten. Erst die Anbringung eingeschmolzener Elektroden (α und β Abb. 10, S. 40 dieses Vortrags) half die Strahlen erkennen, worauf sie mit Erfolg weiter studiert werden konnten.

[109] Vgl. hierzu die Einleitung zu HERTZ' „Schriften vermischten Inhalts" (Gesammelte Schriften, Bd. 1), S. XXIII u. ff., wo er selbst in Briefen aus dieser Zeit an seine Eltern berichtet. Man sieht seine Abneigung, durch Benutzung des ihm nicht genügend unumschränkt zur Verfügung stehenden Glasbläsers sich aufhalten zu lassen, und sein Sichbegnügen mit dem, was seine eigene „geringe Kunst" leisten konnte. Später, als Institutsdirektor in Bonn, hat HERTZ gern den Glasbläser benutzt, da er dessen schneller Dienste auch sicher war. Bemerkenswert ist es dabei, daß er es aber nicht gern sah, wenn Andere im Institut ebenfalls solche Erleichterung sich verschaffen wollten (weit mehr als nur Erleichterung wäre es in gewissen Fällen gewesen, wie auch obiges Beispiel zeigt!); er glaubte offenbar nicht, daß die Institutsmittel dazu vorhanden seien, dies zu ermöglichen. Er lebte damals, in allerdings immer noch sehr jungen Jahren — es waren ihm deren ja nur 37 im ganzen beschieden —, im ererbten Systeme altpreußischer Sparsamkeit weiter, dessen Anfängern gegenüber wohl unbestreitbare große Vorzüge er einst im HELMHOLTZschen Institut in Geltung und auf sich selber angewendet gefunden hatte.

[109a] Kurz vor J. J. THOMSONS ausführlicher Veröffentlichung (25) erschienen und in derselben auch erwähnt. Sowohl PERRIN als J. J. THOMSON vorangegangen waren meine ersten reinen Versuche am Kathodenstrahlen (18, 19, 21).

Wirkung verwandte Wirkung geschähe, derart, daß die Kathodenstrahlen nicht negative Ladung bringen, sondern daß sie vielmehr positive aus der Auffangefläche entweichen lassen, die dann auf irgendeine Weise zur Umgebung sich begibt, was besonders unter Mitwirkung der in PERRINS Versuchen vorhandenen Gasfüllung des Raumes ganz naheliegend scheinen konnte.[110] Es kam zur Entscheidung eben darauf an, auch die Umgebung der Auffangefläche zu untersuchen oder aber diese Fläche als Hohlraum auszubilden, der jedoch nur innen von den Kathodenstrahlen getroffen sein durfte, außerdem alles Gas zu entfernen, das durch die Strahlen zum Leiter wird, und natürlich vollkommenen elektrischen Schutz durch das Aluminiumfenster anzubringen. Diese Bedingungen waren bei keiner der seinerzeit veröffentlichten Untersuchungen (HERTZ, PERRIN, MAC CLELLAND, J. J. THOMSON) sämtlich erfüllt. HERTZ, MAC CLELLAND und J. J. THOMSON benutzten zwar den Hohlraum, hatten aber Gasfüllung und keinen vollkommenen elektrischen Schutz; PERRIN hatte ebenfalls Gasfüllung, und es war — was von jenen, die diese Versuche als entscheidend an-

[110] Aus diesem Bedenken, das mir seinerzeit von vornherein naheliegend schien, hatte ich meine eigenen Beobachtungen, die mir längst (schon 1892) vor Erscheinen der PERRINschen oder irgendeiner anderen neueren Arbeit zu dieser Frage gezeigt hatten, daß Kathodenstrahlen jenseits des Aluminiumfensters bei genügend hoher Gasverdünnung im Beobachtungsraum elektroskopische Wirkungen hervorbringen, die man als Transport negativer Elektrizität deuten könnte, als nicht genügend beweisend in so fundamental wichtiger Frage zurückgestellt, bis ich die damals von mir sogleich geplanten, nachher freilich erst 1897 zur Ausführung und 1898 zur Veröffentlichung gekommenen entscheidenden Versuche (28) angestellt haben würde. Es schien mir unerträglich, in so entscheidender Sache zu der ohnehin schon vorhandenen unbefriedigend abgeschlossenen Untersuchung von HERTZ noch eine neue ebensolche hinzuzufügen, und ganz einfach in der Durchführung — so daß ich die unmittelbar in freier Luft am Aluminiumfenster ausführbaren Versuche hätte dagegen aufgeben wollen — schien mir die Sache nicht. Ich hatte nämlich nur entladende Wirkungen der Strahlen auf Drähte oder Platten beobachtet, wobei auffiel, daß sie bei genügender Gasverdünnung im Beobachtungsraum stark unipolar wurden: positive Elektrizität wurde schnell entladen, negative nur ganz langsam oder gar nicht. Daß eine aufladende Wirkung sich mir nicht aufdrängte, ist nach heutiger Kenntnis unzweifelhaft der starken Sekundärstrahlung zuzuschreiben, die unter Umständen sogar die primäre übersteigen kann, so daß positive Aufladung einer von Kathodenstrahlen getroffenen Platte erscheinen kann. (Vgl. „Quantitatives über Kathodenstrahlen", S. 151, 152.) Es geschieht letzteres am ehesten bei streifendem Einfall der Primärstrahlen, wo starke Rückdiffusion derselben mitwirkt. (So erklären sich auch W. WIENS ähnliche Beobachtungen, Ann. d. Phys., 65, S. 444, 1898.)

sahen, wohl nicht genügend beachtet worden war — der bei ihm allerdings benutzte Hohlraum gerade in den Versuchen mit elektrischem Schutz durch dichte Aluminiumfolie, die sonst — abgesehen vom Vorhandensein des Gases — hätten entscheidend sein können, auch von außen bestrahlt, und zwar sicherlich sogar größtenteils von außen, infolge der Diffusion der Strahlen in der Aluminiumfolie, so daß das volle Bedenken vorlag, welches — wie angemerkt — die allereinfachsten von mir längst gemachten Beobachtungen schon getroffen hatte.[111] Erst die von W. Wien und die von mir veröffentlichten Versuche (November 1897 bzw. Januar 1898 (28)) genügten; denn diese untersuchten außer der getroffenen Elektrode auch die Umgebung (was bei meinen Versuchen noch etwas vollkommener durchgeführt war als bei W. Wien) und sie waren im gasfreien Raum und bei vollkommen elektrischem Schutz ausgeführt. Positive Aufladung fand sich an keinem der im Beobachtungsraum befindlichen Leiter (28, S. 282); das Bedenken zeigte sich somit als beseitigt.

b) Verhältnis von Ladung zu Masse, und Geschwindigkeit, aus Beobachtungen der Strahlen im magnetischen und elektrischen Feld.

Der erste, der diesen in der Überschrift enthaltenen Gedanken faßte und in Versuchen verwirklichte, war meines Wissens Hertz (7, 1883). Es wurde, wie es damals noch nicht anders gegeben war, das Innere der Entladungsröhre benutzt. Er fand für die Geschwindigkeit der Strahlen rund ein Drittel Lichtgeschwindigkeit oder mehr[112], also einen den Umständen seiner Versuche nach — wie man heute weiß — ganz der Wirklichkeit entsprechenden Wert; aber sein anderes Resultat, daß die Strahlen doch keine Ladungsträger seien, verhinderten ihn, weitere Schlüsse zu ziehen, da es denselben die Grundlage zu nehmen schien.

[111] Ich habe dieses Bedenken seinerzeit in kurzer Kritik der Perrinschen Versuche mit den Worten angedeutet (28, S. 279): „Es schien mir noch die Entscheidung zu erübrigen, ob die Strahlen selbst jene Ladung als etwas ihrer Natur nach von ihnen Unzertrennliches mit sich führten oder ob die beobachtete Erscheinung vielmehr nur Eigenschaft des bestrahlten festen Körpers mit seiner gasförmigen Umgebung sei.“

[112] „11 Erdquadranten in der Sekunde übersteigend“. Es war das nur ein Grenzwert, da die Beobachtung elektrischer Ablenkung im gashaltigen Raume nur unvollkommen gelang.

Schuster verfuhr später ähnlich (13, 1890), allerdings — genau besehen — mit zwei wesentlichen Unterschieden, die dem Hertzschen Versuchsplan gegenüber als Rückschritte zu bezeichnen sind. Erstens nämlich arbeitete Schuster bei viel höheren Gasdrucken als Hertz — während man schon aus Hittorfs Versuchen entnehmen konnte, daß die Erscheinungen der Strahlen dann unreiner werden — und zweitens benutzte er nicht ein besonderes elektrisches Querfeld, welches die Strahlen ablenken sollte — was Hertz Goldsteins „Deflexion" gegenüber als neuen Gedanken eingeführt hatte —, sondern er nahm an, daß das elektrische Feld an der Kathode bestimmend sei für die Geschwindigkeit der Strahlen. Diese letztere Annahme brachte auch noch den damals — und auch sehr viel später noch — gänzlich unbekannten Erzeugungsprozeß der Strahlen mit in die Rechnung, was zu deren Sicherheit nicht beitrug. Denn selbst wenn es schon sicher gestanden hätte — was die Versuche erst hätten zeigen können —, daß die Strahlen geschleuderte Ladungen seien, so blieb es doch immer noch ganz unsicher, ob die Abschleuderung an der Kathodenfläche beginne oder ob sie nicht vielmehr irgendwo im Hittorfschen Dunkelraum, also in gewissem Abstande von der Kathode stattfinde. Die schon von Hittorf beobachtete Unmöglichkeit, bei knapper Bemessung des Raumes um die Kathode überhaupt Strahlen zu erzeugen, schien in der Tat anzuzeigen, daß die Strahlen nicht an der Oberfläche der Kathode selbst, sondern erst in einiger Entfernung von derselben ihren Ursprung nahmen, ebenso auch die aus Beobachtungen mit verschiedenen Kathodenformen bekannte Tatsache, daß die Strahlen nur angenähert, nicht genau senkrecht zur Kathodenoberfläche gerichtet sind.[113]

Daß Schusters Resultat über die Geschwindigkeit und dementsprechend auch das über das Verhältnis von Ladung zur Masse

[113] In der Tat konnte über den Ort der Strahlerzeugung erst viel später auf dem umgekehrten Wege — nachdem die Natur der Strahlen schon sicher stand — Aufschluß erhalten werden (vgl. S. 37 u. f. des Vortrags). Es zeigte sich — wider berechtigtem Erwarten, dürfte man nach dem soeben Überlegten wohl sagen —, daß die ursprünglich willkürlich gemachte Annahme, sie entstünden genau an der Kathodenoberfläche, der Wirklichkeit entsprach; aber man konnte das vorher nicht wissen, allenfalls konnte man es probeweise annehmen und das Zutreffen der damit gewonnenen Resultate dahingestellt sein lassen, womit man aber über Hypothesen, deren es in bezug auf Kathodenstrahlen damals in der Tat schon genügend viele gab, doch nicht mit Sicherheit hinauskam.

der Strahlen dem HERTZschen entgegengesetzt ausfiel (vgl. S. 28, 29 des Vortrags) hatte demnach allerdings nicht mehr zu bedeuten, als daß man eben noch gar nichts erreicht habe in der Deutung der Natur der Strahlen.

Der zeitlichen Reihenfolge nach erschienen dann (1894/95) meine Versuche über Kathodenstrahlen in freier Luft und im äußersten Vakuum und überhaupt unter außerordentlich erweiterten Beobachtungsbedingungen (18, 19, 21), die zeigten, daß reine Versuche mit Kathodenstrahlen möglich sind und wie sie auszuführen seien, auch daß sie als sehr aussichtsreich gelten konnten, wovon ein Beispiel die sogleich gefundene für alle Materie geltende Massenproportionalität der Absorption und der Diffusion der Strahlen war, die erste an Kathodenstrahlen überhaupt ermittelte quantitative Gesetzmäßigkeit. Selbstverständlich hatte ich sogleich den HERTZschen Versuchsplan der Kombination der magnetischen und elektrischen Ablenkung aufgenommen, um ihn jetzt unter reinen Verhältnissen und also beweisend durchzuführen. Namentlich die Versuche im elektrischen Feld schienen mir durchaus das äußerste Vakuum zu erfordern, um das Eintreten der Querentladung mit all den gänzlich unbekannten Vorgängen, die sie hereinbrachte, zu vermeiden; denn in der Tat konnte man bisher nicht einmal behaupten, daß das elektrische Feld die Kathodenstrahlen ablenke und daß nicht vielmehr die bisher stets gleichzeitig vorhanden gewesenen Vorgänge der Querentladung dies bewirkten. Mein erster Versuch ging darauf aus, die letztere Frage zu entscheiden. Ich brachte an das (in (18) beschriebene) lange, vollständig evakuierte Beobachtungsrohr äußere Stanniolelektroden an und stellte fest, daß die elektrische Ablenkung bestehen blieb, obgleich keine Querentladung im Rohr sichtbar war, und daß sie stets nach der positiven Platte hin gerichtet war. Die Größe der Ablenkung war so nicht einwandfrei feststellbar, weil das Glas der Röhre das Feld im Inneren unkontrollierbar fälschen konnte. Der nächste Schritt, die Herstellung eines Rohrs mit inneren Elektroden und die vollständige Durchführung des Versuchs, die ich allerdings wegen der großen prinzipiellen Wichtigkeit möglichst exakt zu gestalten wünschte, schien nicht weit; doch war es mir erst 1897 beschieden, ihn wirklich zu machen.[114]

---

[114] Vgl. S. 26 des Vortrags. Der oben beschriebene erste Ablenkungsversuch war in Bonn in derselben Neujahrsnacht 1893/94 ausgeführt, in welcher HERTZ starb. Die wenige im Bonner Institut für mich dann noch verfügbar

Bevor ich damit zu Ende gekommen war, erschienen der Reihe nach von anderen Seiten die im folgenden zu betrachtenden Veröffentlichungen, die mir — meinen eigenen Plänen gegenüber — allerdings störend, nicht aber entlastend erschienen, da keine derselben das Problem in der von mir für erforderlich gehaltenen einwandfreien und vollständigen Weise, also so zur Lösung brachte, daß die Durchführung der von mir begonnenen Versuche überflüssig geworden wäre. Es ist selbstverständlich, daß ich diese Veröffentlichungen hier nur so betrachten kann, wie sie mir selbst zurzeit erschienen, als ich sie zuerst kennen lernte; jede andere Darstellungsweise würde von mir aus wertlos sein. Zu rein objektivem Urteil wird man vielleicht andere, gänzlich unbeteiligte Sachkundige für besser befähigt halten können, — aber nur von nachträglich einzunehmenden Standpunkten aus, die mit der Entwickelung der Sache nichts zu tun haben und vielleicht also das Wesentliche doch nicht treffen.

E. Wiechert entwickelte in einem Vortrag im Januar 1897 (Physikalisch-Ökonomische Gesellschaft zu Königsberg) Anschauungen „über das Wesen der Elektrizität", welche an Maxwells und Helmholtz' Elementarquanten der Elektrizität anknüpften und teilt gleichzeitig „Experimentelles über die Kathodenstrahlen" mit, das jenen Anschauungen zur Stütze dienen soll. Die besagten Anschauungen stimmen in bezug auf die Natur der Kathodenstrahlen in der Hauptsache mit den nach heutiger Kenntnis geltenden überein und sie scheinen hier zum erstenmal entwickelt sich zu finden. Bedenkt man freilich, daß diese Anschauungen an vielen Punkten schwer vereinbar erschienen mit den Vorstellungen von der Elektrizität und ihrem Verhalten, welche man zurzeit besaß[115], und daß man zu einer so durchgreifenden Änderung der Vorstellungen, namentlich zum Zugeständnis der Berechtigung der erforderlichen Einzelausmalung derselben, entsprechend der Annahme überall wirksamer negativer

---

gewesene Zeit füllten Versuche mit bereits vorbereiteten, bzw. für mich leichter herstellbaren Apparaten aus über die Fortpflanzungsgeschwindigkeit der Kathodenstrahlen (vgl. Anhang III c) und über die lichtelektrische Wirkung, die ich damals schon als Kathodenstrahlerzeugung durch Licht auffaßte, wofür den einwandfreien Beweis zu liefern mir dann 1899 gelang (32), ohne daß mir wenigstens darin — trotz der empfindlichen Unterbrechungen meiner Arbeit — jemand im wesentlichen zuvorgekommen wäre (vgl. Note 45, S. 41).

[115] Vgl. S. 81 u. ff. des vorliegenden Vortrags.

und positiver Elementarquanten mit Spezialeigenschaften[116], nur dann sich veranlaßt sehen konnte, wenn einwandfrei aus der Erfahrung gezeigt ist, daß solche Änderung der Vorstellungen von der Wirklichkeit gefordert wird, so findet man die von WIECHERT beigebrachten Erfahrungsbeweise zu schwach. Er teilt eine experimentelle Ermittelung, betreffend das Verhältnis von Ladung zur Masse und die Geschwindigkeit der Kathodenstrahlen mit, die gleich der SCHUSTERschen, nur wohl bei etwas höherer Verdünnung also wohl etwas reiner ausgeführt, aber doch denselben Einwänden zugänglich war (s. S. 85). Das gegen SCHUSTER veränderte Resultat, daß nämlich die Kathodenstrahlen keine geladenen Moleküle oder Atome seien, konnte hiernach, zumal es in viel direkterer und sichererer Weise durch meine Versuche (18) schon klargelegt war, nichts Neues Positives bedeuten. Seine Hypothese von der Natur der Kathodenstrahlen konnte demnach doch nur als eine unsichere Modifikation der CROOKESschen Hypothese von den geschleuderten Molekülen erscheinen, wenn auch vortrefflich verwoben mit der gesamten Elektrodynamik.[117]

Anders wäre es gewesen, wenn — was wichtig ist — die von WIECHERT hier eingeführte direkte experimentelle Ermittelung der Ausbreitungsgeschwindigkeit der Kathodenstrahlen geglückt wäre und ein mit der vorhergehenden indirekten Ermittelung

---

[116] Solche Folgenentwicklung scheint allerdings bei WIECHERT selbst noch gar nicht vorgelegen zu haben; denn er sagt (S. 11 und 12 seines Vortrags), daß „Elektrizität etwas Imaginäres bezeichnet, einen Stoff, der nicht wirklich, sondern nur in Gedanken besteht“, und daß es „meist völlig genügt, von Strömen der Elektrizität zu reden, und unnötig ist, an die gleichzeitige materielle Strömung zu denken“, sowie daß „das Bewußtsein, daß es sich bei den elektrischen Fluida wohl nur um imaginäre Dinge handelt, ja von jeher in der Wissenschaft recht lebhaft gewesen ist“.

[117] Vgl. auch die frühere Veröffentlichung von WIECHERT: „Die Theorie der Elektrodynamik“ (Phys.-ökonom. Ges. zu Königsberg, 1896), wo bereits Anklänge jener Hypothese sich finden, indem gesagt wird (S. 45 dort), „die Kathodenstrahlen bestehen aus elektrischen Teilchen, wahrscheinlich einzelnen Atomen oder Molekülen (vielleicht sogar einzelnen elektrischen Atomen), die von der Kathode ausgeschleudert werden“. Ebendort findet sich auch diejenige Hypothese von der Natur der damals eben neu gefundenen RÖNTGENschen Strahlen ausgesprochen — daß sie „sehr schnell schwingendes oder stoßartiges Licht“ seien —, die nachher sich bewährt hat, wozu freilich ebenfalls erst noch der weite Weg beweisender Versuche zurückzulegen war. Das Auftreten eines transversalen Ätherstoßes bei plötzlichem Anhalten einer schnell bewegten geladenen Masse war übrigens schon früher — und zwar schon vor RÖNTGENS Entdeckung — von HEAVISIDE aus MAXWELLS Theorie hergeleitet worden (10).

identisches Resultat gegeben hätte. Dies war jedoch damals noch nicht der Fall; es werden nur Vorversuche zur Geschwindigkeitsmessung mitgeteilt, die unsichere Grenzwerte ergaben.[118]

Danach erschien J. J. THOMSONS sehr bekannt gewordene, bereits im Vortrag selbst (S. 30) charakterisierte Arbeit (Phil. Mag., Oktoberheft 1897).[119] Sie ist als groß angelegt zu bezeichnen und sucht durch die Fülle des Beobachteten die Mängel im einzelnen wett zu machen. Reine Versuche, die unbedingt als beweisend hätten gelten können, bringt sie freilich nicht, und manche der Beobachtungen, z. B. die der Unabhängigkeit der magnetischen Ablenkung von der Natur des gasförmigen Mediums war überflüssig, da die betreffende Frage schon drei Jahre vorher durch meine Messungen erledigt war, die sogar auch den Aggregatzustand des Mediums variiert hatten (19). Auch sonst wird der Anschein erweckt, als müßte erst noch nachgewiesen werden, daß die Kathodenstrahlen geschleuderte geladene Moleküle nicht sind, was schon seit meiner ersten Arbeit mit reinen Kathodenstrahlen (18) durch viel direktere Beobachtungen als die THOMSONschen genügend feststand. Immerhin bietet aber die THOMSONsche Arbeit nach Plan und Durchführung weitaus das Beste, was innerhalb der Entladungsröhre, also unter Verzicht auf vollkommene Reinheit — dafür freilich auch mit beträchtlichem Gewinn an Zeit — geleistet werden konnte. So wird beispielsweise das HERTZsche elektrische Querfeld benutzt, nicht die unsichere SCHUSTERsche Erzeugungsspannung, und die Arbeit zeichnet sich durch die Klarheit und Einfachheit der Abfassung aus, welche das Mitfolgen des Lesers — oder Hörers — so sehr erleichtert, ja zum Genuß macht, und welche — wenn nachher sich zeigt, daß sie nicht in die Irre geführt hat — den Anschein erweckt,

[118] Später gelang WIECHERT die Durchführung der direkten Geschwindigkeitsmessung; s. Anhang IIIc. Daß dies mit ausschlaggebend war bei der Begründung der heutigen Anschauung von der Natur der Kathodenstrahlen, ist im vorliegenden Vortrag hervorgehoben (S. 35).

[119] Vom Verfasser datiert 7. August 1897; eine vorläufige Darstellung (Vortrag vom 30. April 1897), nur als ankündigend aufzufassen, siehe im Literaturverzeichnis (25). Eine noch frühere kurze Notiz über Kathodenstrahlen von demselben Verfasser („Nature“, 11. März 1897) ist ohne Bedeutung; sie bringt nichts Neues gegenüber PERRINS Versuchen und meinen Resultaten von der Unabhängigkeit der magnetischen Ablenkung vom Medium, die damals schon 3 Jahre lang — und zwar durch reine Versuche — bestens begründet war.

als wäre schon der Beweis der Richtigkeit der geäußerten Anschauungen geliefert worden.[120]

Es sind dann Veröffentlichungen von W. Kaufmann zu nennen, deren erste kurz vor J. J. Thomsons vorbesprochener Veröffentlichung erschien (Ann. d. Phys. 61, S. 544, vom 21. Mai 1897). Sie bringt Versuche über die Abhängigkeit der magnetischen Ablenkung der Kathodenstrahlen von der Entladungsspannung, alles innerhalb der Entladungsröhre, also ohne möglichste Reinheit zu erstreben, und nicht wesentlich verschieden von Versuchen, die bereits Schuster 7 Jahre früher angestellt hatte (13). Die Resultate stimmen mit denen Schusters nicht überein, der die Ablenkbarkeit nicht — wie Kaufmann — umgekehrt proportional der Quadratwurzel aus der Entladungsspannung gefunden hatte, wodurch dies Resultat kaum weniger zweifelhaft als das Schustersche erscheinen konnte.[121] Daß die Ablenkbarkeit durch die Entladungsspannung überhaupt bestimmt ist, und daß sie unabhängig ist vom Medium im Beobachtungsraum, war übrigens von mir schon 3 Jahre früher unter sehr viel weitergehender Variation der Beobachtungsbedingungen festgestellt worden und unter ganz reinen Verhältnissen[122], so daß aus Kaufmanns Versuchen die

[120] Auch bei Crookes war dieselbe Klarheit und Einfachheit der Auffassung wirksam, aber seine geschleuderten Moleküle waren doch nicht richtig. Ich möchte nicht sagen, was — wenn Verantwortungsgefühl nicht wäre — mehr meine Bewunderung herausforderte: Jenes Klarheits- und Einfachheitsstreben, auf die Gefahr hin zeitweilig oder teilweise in die Irre zu gehen und zu führen, oder das Gründlichkeitsstreben mit der gewissenhaften Scheu vor Fehlschlüssen, auf die Gefahr hin für spät gekommen erachtet zu werden oder auch, früh kommend, nur von Wenigen erkannt und von diesen stillschweigend ausgenutzt zu werden. Das erstere Streben ist offenbar des Engländers, das zweite des Deutschen Charakter („pauca sed matura", sagte Gauss). Das erstere kennt und schätzt mit seinen Vorteilen jedermann; das zweite hat — in wahrnehmbarer Weise — kein Volk hinter sich, das es verstünde und merkte, daß auch diese Eigenart des Pflegens wert ist — und daß es die seine ist. Das erstere ist anregend, weitere Unternehmungen fördernd, selbst wenn Falsches behauptet wird, wie bei Crookes, — also gewiß nicht unnütz. Ohne das zweite aber würde nur auf unabsehbaren Umwegen Wissenschaft entstehen, die diesen Namen verdiente; denn es wäre nur eine bunte Reihe von mehr oder weniger zusammenhängenden schönen Vermutungen vorhanden, die man nach Belieben als Dichtung oder als Wahrheit nehmen kann, bis vielleicht späte Erfahrung zufällig über ihre Brauchbarkeit entscheidet.

[121] Siehe Schusters Bemerkungen zu Kaufmanns Arbeit (Ann. d. Phys., 65, S. 877, 1898) und Kaufmanns Erwiderung dazu (ebendort, 66, S. 649, 1898).

[122] Auch eine Arbeit von Birkeland (Compt. rend. 123, S. 492, 1896) bietet demgegenüber nichts Neues.

Unabhängigkeit vom Medium im Erzeugungsraum hätte mit Sicherheit gefolgert werden können, wenn nicht bei den benutzten sehr geringen Gasdrucken die Natur des wirklich vorhandenen Gases Zweifeln unterworfen geblieben wäre. Im Endresultat kommt KAUFMANN zu dem Schlusse, „daß die Hypothese von den Kathodenstrahlen als abgeschleuderten Teilchen zu einer befriedigenden Erklärung der Erscheinungen allein nicht ausreiche", wobei (nach der Erläuterung, welche KAUFMANN selber in seiner nächstfolgenden Abhandlung diesem Schluß gibt) gemeint ist, daß die Kathodenstrahlen keine geschleuderten Moleküle oder Ionen sein könnten. Es ist das aber das von mir schon 3 Jahre vorher (18) in viel direkterer Weise festgestellte Resultat, und es blieb nach wie vor dieser Veröffentlichung von KAUFMANN eine offene Frage, ob man andere, nicht materielle geschleuderte Teilchen annehmen oder ob man die Kathodenstrahlen sonstwie als Vorgänge im Äther deuten solle.[123]

In der nächstfolgenden Abhandlung „Über die Deflexion der Kathodenstrahlen" (Ann. d. Phys. 62, S. 587, 1897, datiert 25. Ok-

---

[123] Der Größenangabe für das Verhältnis von Ladung zur Masse der geschleuderten Teilchen konnte man, wie dies auch für die übrigen Resultate dieser Arbeit zu sagen war, bei KAUFMANN nicht mehr Bedeutung beimessen als schon vorher bei SCHUSTER (oder implizite HERTZ), da die Versuche dieser Autoren sämtlich auf der gleichen (bei HERTZ allerdings sogar besseren) Grundlage nicht reiner Versuche ruhten, und da KAUFMANN wie SCHUSTER die zweifelhafte Annahme vom Ursprung der Kathodenstrahlen an der Kathodenoberfläche machten, wobei aber doch ihre Resultate nicht übereinstimmten. In einem Nachtrag zur eben besprochenen Arbeit gibt KAUFMANN (Ann. d. Phys. 62, S. 596, 1897, datiert 25. Oktober 1897) Verfeinerungen zu seiner Messung des Verhältnisses von Ladung zur Masse. Das hierbei erhaltene Resultat ($1{,}77 \cdot 10^7$ CGS. magnetisch) stimmt vortrefflich mit dem heute für richtig zu haltenden Werte überein. Man kann daher wohl sagen, daß KAUFMANN der Erste gewesen ist, der für dieses Verhältnis einen in den beiden ersten Zahlenstellen richtigen Wert angegeben hat; aber allerdings konnte nach dem damaligen Stand der Kenntnis weder die Deutung des Verhältnisses schon als sicherstehend betrachtet werden, noch war es sicher, ob die Reinheit der KAUFMANNschen Versuche genügte, und außerdem war auch erst noch die Richtigkeit der bei der Berechnung gemachten, soeben als zweifelhaft bezeichneten Annahme zu beweisen. Der nach heutiger Kenntnis feststehende gute zahlenmäßige Erfolg bei KAUFMANN erscheint aber nunmehr nicht als Zufall, sondern als Folge seiner im erwähnten Nachtrag sehr verfeinerten Magnetfeldmessung und der — eben durch die Bestätigung seines Zahlenresultates — später nachgewiesenen Richtigkeit seiner Annahme vom Ursprung der Kathodenstrahlen an der Kathodenoberfläche sowie der Annahme genügender Reinheit seiner Versuche infolge der benutzten genügend hohen Gasverdünnung im Rohre.

tober 1897) teilt KAUFMANN[124] Beobachtungen über Kathodenstrahlen mit, die eine elektrische Querentladung passiert hatten, ähnlich wie schon bei HERTZ (7), jedoch mit der Verbesserung, daß das elektrische Querfeld, welchem die Kathodenstrahlen ausgesetzt waren, direkt durch Sonden gemessen wurde. Es zeigt sich unter der — damals zweifelhaften — Annahme, daß die ganze Entladungsspannung für die Geschwindigkeit angenommener geschleuderter Teilchen maßgebend sei[125], daß die Beobachtungen mit der Annahme der Kathodenstrahlen als geschleuderten elektrischen Teilchen übereinstimmen; das Resultat der vorigen Arbeit erschien also abgeändert.

Zu bemerken ist, daß diese Veröffentlichung nach Erscheinen der oben besprochenen von J. J. THOMSON (25) datiert ist, was auch durch eine Fußnote von KAUFMANN anerkannt wird, und daß die THOMSONsche Arbeit mannigfaltige Beobachtungen — wenn auch in ebenfalls nicht einwandfreien reinen Versuchen — für die Annahme geschleuderter negativ elektrischer Teilchen enthält, wobei diese Teilchen (mit Zuhilfenahme meines Resultats, daß sie Moleküle oder Atome nicht sein konnten) schon als neuartig — „kleiner als Atome" — gedeutet wurden. Man sieht, daß in der Richtigkeit der Hypothese, welche über meinen Nachweis, daß es sich um Vorgänge im Äther handele, hinausgeht, WIECHERT und J. J. THOMSON vorangegangen sind — beide offenbar geleitet durch meine älteren Resultate und namentlich der letztere auch durch eingehende eigene Beobachtungen —, daß aber die Beweise für die Richtigkeit immer noch mangelhaft waren, auch mit Hinzunahme von KAUFMANNs Versuchen, wenn auch durch die Beobachtungen aller der genannten Forscher schon immer mehr Tatsachen beigebracht wurden, die der Hypothese wenigstens nicht widersprachen.

Hier tritt in der historischen Reihenfolge der Veröffentlichungen zum erstenmal eine — allerdings nur vorläufige — Notiz über reine Versuche mit Kombination magnetischer und elektrischer Ablenkung der Kathodenstrahlen auf. Es ist dies der „Nachtrag bei der Korrektur" (datiert 1. Dezember 1897) zu

---

[124] Hier in Gemeinschaft mit E. ASCHKINASS.

[125] Man hätte hier ohne Änderung des Resultats auch annehmen können, daß stets derselbe Bruchteil der Entladungsspannung maßgebend sei, was immerhin als einigermaßen wahrscheinlich, wenn auch freilich ebenfalls nicht als sicher hätte gelten können.

W. Wiens unter a dieses Anhangs besprochener Arbeit über den Elektrizitätstransport der Kathodenstrahlen. Die Notiz besagt, daß es gelungen sei, die elektrostatische Ablenkung der aus einem Aluminiumfenster ins äußerste Vakuum tretenden Strahlen nachzuweisen und angenähert zu messen. Kombiniert mit ebenfalls ungefähr gemessener magnetischer Ablenkung ergäben sich daraus ungefähr ein Drittel Lichtgeschwindigkeit als Geschwindigkeit der Kathodenstrahlen, wozu in Übereinstimmung mit unserer Literaturbewertung bemerkt wird: „Die bisherigen Beobachtungen im Innern der Röhren (Kaufmann, J. J. Thomson) sind nicht vollkommen überzeugend, weil es sich dort um die Übereinanderlagerung verwickelter Erscheinungen handelt.“ [126]

Danach erschien endlich meine, wie eingangs dieses Abschnittes angegeben, schon so lange vorbereitete, immer aber in der Durchführung verhindert gewesene, hierher gehörige Untersuchung „Über die elektrostatischen Eigenschaften der Kathodenstrahlen“ (28, datiert 2. Januar 1898).[127] Sie enthält den schon im Anhang IIIa besprochenen einwandfreien Nachweis des Transports negativer Elektrizität durch die Kathodenstrahlen durch das Vakuum, durch Leiter und durch feste Nichtleiter hindurch, und sie bringt die ersten eingehend und quantitativ durchgeführten reinen und daher ganz einwandfreien Versuche über die elektrische Ablenkung der Kathodenstrahlen, kombiniert mit der magnetischen. Die Messungen sind für Kathodenstrahlen von dreierlei Art durchgeführt, entsprechend drei verschiedenen elektrischen Spannungen im Erzeugungsrohr. Die Geschwindigkeiten der Strahlen sind steigend gefunden mit steigender Erzeugungsspannung, das Verhältnis von Ladung zu Masse dagegen merklich konstant.[128] Alles also ganz wie es der Annahme entspricht, daß

---

[126] Hertz hatte, wie wir bereits bemerkten, schon vor 14 Jahren, auf demselben Wege, ebenfalls ein Drittel Lichtgeschwindigkeit als Geschwindigkeit der Kathodenstrahlen berechnet; bei ihm hatte die Anwesenheit des Gases das deutliche Auftreten der elektrischen Ablenkung jedoch überhaupt verhindert, und sein Resultat konnte daher nur ein Grenzwert sein.

[127] Siehe dazu auch Note 28 S. 29 des Vortrags.

[128] Der Zahlenwert des Verhältnisses wurde, im Vergleich zur heutigen verfeinerten Kenntnis, zu klein gefunden. Es lag das an der Unvollkommenheit der Magnetfeldmessung (vgl. „Quantitatives über Kathodenstrahlen“, S. 86); doch kam es damals nicht auf absolut exakte Feststellung von Zahlenwerten an, sondern auf die Überzeugung, daß bzw. ob das Ins-Auge-Fassen solcher Zahlenwerte als Naturkonstanten überhaupt Berechtigung habe.

Kathodenstrahlen geschleuderte negative Ladungen seien, womit — nach den darauffolgenden Bestätigungen durch die hier und unter c noch anzugebenden direkten Messungen anderer Art — nicht nur die Natur der Kathodenstrahlen einwandfrei aufgeklärt war, sondern auch die im Vortrag geschilderten neuen Anschauungen über die Elektrizität und ihr Verhalten ihre feste Begründung fanden.

Wenig später erschien W. Wiens eingehende Mitteilung (Ann. d. Physik 65, S. 440, datiert 22. März 1898) über seine bereits vorher angekündigt gewesene Arbeit. Es werden hier im wesentlichen dieselben Anordnungen benutzt wie in meiner eben besprochenen Arbeit; eine verfeinerte quantitative Durchführung der Versuche ist aber unterblieben, wohl weil eine solche von mir damals schon veröffentlicht war.[129]

Ergänzend, als wichtige Bestätigungen und als Schlußsteine im Gebäude von der Erkenntnis der Natur der Kathodenstrahlen und damit der experimentellen Begründung der „Elektronentheorie“, kommen nun nur mehr die Untersuchungen über das Verhalten der Kathodenstrahlen parallel elektrischer Kraft und die direkte Messung ihrer Ausbreitungsgeschwindigkeit in Betracht. Ersteres betrachten wir hier anschließend, letztere unter c; alles Weitere auf dem hier verfolgten Wege war dann nur mehr Verfeinerung der Zahlenkenntnis von dem somit als wichtige Naturkonstante erkannten Verhältnis Ladung zur Masse des (nicht zu schnell) bewegten Elektrons und damit — bei Hinzunahme von Versuchen mit gemessener Erzeugungsspannung — auch Beweis für die Richtigkeit der Annahme, daß die Kathodenstrahlen an der Kathodenoberfläche ihren Ursprung nehmen, was dann auch einen wichtigen Beitrag zum Verständnis des Entstehungsmechanismus der Strahlen bedeutete.

Als eine erste quantitative Untersuchung über das Verhalten von Kathodenstrahlen parallel elektrischer Kraft kann eine — in zeitlicher Folge nach den vorgenannten ersten reinen Versuchen im elektrischen und magnetischen Querfeld veröffentlichte — Arbeit von Kaufmann aufgefaßt werden (Ann. d. Phys. 65,

---

[129] W. Wien beschäftigt sich dann weiter in derselben Veröffentlichung mit den Kanalstrahlen und liefert dort die Grundlage für die Erkenntnis von ihrer Natur und damit für allen weiteren Fortschritt in ihrer Erforschung und Verwertung.

S. 431, 1898, datiert 19. März 1898).[130] Die Versuche sind im Innern der Entladungsröhre, also unter nicht völlig reinen Verhältnissen ausgeführt; sie zeigen einen die bisher gewonnene Theorie bestätigenden Einfluß des Feldes.

Unter unzweifelhaft reinen Verhältnissen ausgeführte Messungen an Kathodenstrahlen parallel elektrischer Kraft habe ich wenig später veröffentlicht (30, datiert 1. Mai 1898). Es ist durch dieselben einwandfrei nachgewiesen, daß die Kathodenstrahlen beschleunigt und verzögert werden können, ganz nach Maßgabe des im elektrischen und magnetischen Querfeld gemessenen Verhältnisses von Ladung zu Masse. Über den hier zum erstenmal gesuchten Mangel an Beschleunigung bei schon sehr hoher Geschwindigkeit konnte ich nur ein negatives Resultat berichten; es waren, wie man heute weiß, die benutzten Geschwindigkeiten nicht hoch genug, um bei erreichbarer Meßgenauigkeit den gesuchten Einfluß zu finden. Kaufmann ist es bekanntlich später gelungen (43, 1901), die für die Theorie so wichtigen positiven Resultate zu erhalten, indem er die viel schnelleren Kathodenstrahlen der inzwischen verfügbar gewordenen radioaktiven Präparate benutzte.

c) Direkte Messungen der Ausbreitungsgeschwindigkeit der Kathodenstrahlen.

Schon immer seit Hittorfs Entdeckung der Kathodenstrahlen, 1869, mußte es genügend klar gewesen sein, daß eine direkte Ermittelung der Fortpflanzungsgeschwindigkeit hier — wie bei jeder unbekannten Strahlungserscheinung — einen wichtigen Beitrag zur Erkenntnis der Natur der Strahlen liefern müßte.

Die ersten Bemühungen hierzu, welche bekannt geworden sind, haben zu keinem Resultat geführt, das nach heutiger Kenntnis standhalten könnte (Goldstein 1879, Spottiswoode und Moulton 1880); die benutzten, etwas verwickelten Methoden mußten Voraussetzungen machen, die sich später als nicht zutreffend erwiesen.[131]

---

[130] Einfache qualitative Beobachtungen an Kathodenstrahlen in freier Luft, am Aluminiumfenster, welche eine Veränderung der Absorption der Strahlen durch ihnen parallel gerichtete elektrische Felder anzeigten, wurden nahe zur selben Zeit von Des Coudres veröffentlicht (Phys. Ges. Berlin, 31. Januar 1898).

[131] Zitate und Kritik dieser Arbeiten siehe in (29), S. 268.

Im Juli 1892 war ich selbst mit einer einfachen Ermittelung der Fortpflanzungsgeschwindigkeit beschäftigt, wobei die Strahlen auf Uranglasstücken Fluoreszenzsignale ihrer Ankunft gaben, die mit rotierendem Spiegel beobachtet wurden. Auf das fernab von der Kathode liegende Uranglasstück wurden die Strahlen mittels eines Magneten konzentriert; der Strahlenweg war 50 cm lang. Bei der schnellsten Rotation, die das entferntere, mattere Lichtsignal noch vertrug, war keine Verspätung merklich, woraus die Geschwindigkeit als über 1000 km/Sek. liegend sich ergab. Da ich mich nicht mit Grenzwerten begnügen wollte, ging ich sofort zur Anwendung elektrischer Schwingungen über, im Prinzip nach demselben Plane, der 6 Jahre später von Wiechert mit Erfolg durchgeführt worden ist (29).[132] Die Versuche zeigten sich schwierig; sie wurden dann zurückgedrängt von den in Gang gekommenen Beobachtungen an den Kathodenstrahlen in freier Luft, später aber, im Mai 1894 wieder aufgenommen, ohne jedoch vor der großen Unterbrechung aller meiner experimentellen Arbeit[133] zu einem befriedigenden Resultate zu führen. Veröffentlicht habe ich von allen diesen Versuchen nichts, da sie mir zu wenig entscheidend erschienen[134]; es sind daher die jetzt zu nennenden, zeitlich folgenden Veröffentlichungen als vollkommen unabhängig zu betrachten:

J. J. Thomson glaubte 1894 mittels des rotierenden Spiegels,

---

[132] Als ich während der Ausführung dieser Versuche Gelegenheit hatte, Hertz diesen Plan mit den elektrischen Schwingungen mitzuteilen, erwiderte er, daß er seinerzeit, als er die Wirkung des ultravioletten Lichtes auf elektrische Funken gefunden hatte, beabsichtigte, nach verwandtem Plan eine Messung der Ausbreitungsgeschwindigkeit dieser Wirkung auszuführen, um dadurch einen besonderen Nachweis dafür zu liefern, daß es tatsächlich das Licht sei, dem die Wirkung zugehöre; er habe aber nachher den Plan wieder fallen lassen, da ihm die anderen Nachweise schon zu genügen schienen.

[133] Vgl. S. 26 des Vortrags.

[134] Daß man aus einem hohen Grenzwert für die Geschwindigkeit, wie ich ihn mit dem rotierenden Spiegel gefunden hatte, und aus der bekannten magnetischen Ablenkung der Strahlen berechnen könne, daß sie nicht geschleuderte Moleküle oder Atome sein können, falls man annehmen wollte, daß sie überhaupt geschleuderte Masse sind, ist später in der Literatur hervorgehoben worden. Mir schien dieser Gedanke wertlos, erstens, weil nicht im mindesten sicher stand, daß die gemachte — eben noch zu prüfende — Annahme der geschleuderten Massen unbekannter Art richtig sei, und zweitens, weil meine Versuche in freier Luft und im äußersten Vakuum schon 1893 auf ganz direkte Weise gezeigt hatten, daß die Strahlen geschleuderte Materie nicht sind.

im wesentlichen ganz in der vorerwähnten Weise, tatsächlich die Fortpflanzungsgeschwindigkeit gemessen zu haben (Phil. Mag. 38, S. 358, erschienen im Oktoberheft) und zwar zu nur 200 km/Sek., was dem Grenzwert, den ich damals bereits besaß, widersprach. Da ich damals noch glaubte, in Kürze durch einwandfreie Kombination der elektrischen und der magnetischen Ablenkung die Frage nach den geschleuderten Massen vollkommen klären zu können, nahm ich keinen Anlaß, meinen Zweifel an der Richtigkeit des Thomsonschen Resultates öffentlich auszusprechen. J. J. Thomson hat es dann später selber widerrufen (25, S. 315); es hätten ohne dies seine übrigen Resultate großen Zweifeln ausgesetzt sein müssen.

Die erste bis zur einwandfreien Ermittelung des Absolutwertes durchgeführte Geschwindigkeitsmessung ist die von E. Wiechert (29, datiert 19. März 1898) nach dem bereits erwähnten Plan mit den elektrischen Schwingungen, den vorher (von 1895 an) auch Des Coudres verfolgt, aber nicht bis zur vollkommenen Durchführung gebracht hatte.[135] Die Geschwindigkeit ergab sich in den untersuchten Fällen zwischen $^1/_{10}$ und $^1/_5$ Lichtgeschwindigkeit. Die gleichzeitig gemessene magnetische Ablenkbarkeit der benutzten Strahlen ermöglichte mittels der gemessenen Geschwindigkeit die Berechnung des Verhältnisses von Ladung zu Masse des anzunehmenden Geschleuderten, und dieses Verhältnis stimmte — in Anbetracht der Schwierigkeiten aller zugehörigen Messungen — genügend überein mit dem allein nur aus magnetischer und elektrischer Ablenkung gefundenen Verhältnis, worüber damals soeben auch schon meine vollkommen rein durchgeführten Versuche vorlagen (28). Da das Verhältnis auch mit dem von J. J. Thomson und Kaufmann im verdünnten Gasraum gemessenen so weit übereinstimmte, als die damals erreichte Genauigkeit erwarten ließ, schien das Vorhandensein des sehr verdünnten Gases in Wiecherts Versuchsröhre kein Hindernis mehr gegen die Beweisfähigkeit seiner Messungen, und es hatte daher mit dieser Geschwindigkeitsmessung zum erstenmal die heute gültige Anschauung von der Natur der Kathodenstrahlen eine einwandfreie quantitative Probe bestanden. Die zweite, ebenfalls einwandfrei und befriedigend ausgefallene Probe, mittels des Verhaltens der Strahlen parallel elektrischer Kraft, folgte alsbald nach (30, vgl. IIIb). Es waren damit die Schlußsteine zu dem

[135] Die Zitate von Des Coudres Veröffentlichungen s. in (29) S. 270.

für alle weitere Entwickelung so wichtig gewordenen Gebäude gewonnen.

IV. Stimmen aus früher Zeit über „die Elektrizität“ und deren Struktur.

(Zu Seite 31 des Vortrags.)

Ich habe im Vortrage HELMHOLTZ als den Ersten genannt, von dem ich damals wußte, daß er aufmerksam gemacht habe auf Struktur der Elektrizität, die wenigstens in den Erscheinungen der Elektrolyse sich zeige. Wie ich aber später erfuhr, war MAXWELL in der Betonung desselben Gesichtspunktes HELMHOLTZ wesentlich — um 8 Jahre — vorangegangen.[136] In der Tat findet man den entsprechenden Absatz bereits in der ersten Auflage seines berühmten Werkes über Elektrizität und Magnetismus (3) im Kapitel „Elektrolyse“. Er spricht dort von „einem Molekül Elektrizität“, wobei er bemerkt, daß dieser Ausdruck, so plump er sei, und so wenig er in Zusammenhang stehe mit der sonstigen Kenntnis von den elektrischen Erscheinungen, wie er sie in seinem Werke dargestellt habe, „doch wenigstens eine klare Darstellung der Kenntnis von den Elektrolyten und eine Würdigung der noch zu überwindenden Schwierigkeiten ermöglicht“. Die hier hervorgehobene, damals meist stillschweigend hingenommene Gegensätzlichkeit, ja Disharmonie, in den Vorstellungen von der Elektrizität, je nachdem man sich auf diesem oder jenem Gebiete der Elektrizitätslehre befand, schien mir seinerzeit geradezu unerträglich, und es mochte wohl jedem denkenden Studierenden der Naturwissenschaft damals so gegangen sein. Es war kein Anhaltspunkt oder Ausweg zu sehen, wie man mit den damaligen Vorstellungen der Elektrizität ehrlich zurecht kommen sollte, und es konnte daher wohl erlösend empfunden werden, wenn MAXWELL an anderer Stelle (Einleitung seiner kleineren „Elementaren Abhandlung über Elektrizität“, Oxford 1881, S. 8) sagt: „Und hier können wir ein für allemal den landläufigen Ausdruck ‚das elektrische Fluidum‘ einführen in der Absicht, unsere Leser davor zu warnen. Es ist das einer von den Wortausdrücken, der, einst zur Bezeichnung

---

[136] Ist es nicht sonderbar, daß HELMHOLTZ in seiner FARADAY-Rede vor Zuhörern, deren nicht wenige MAXWELL und sein Werk sehr wohl kennen mußten, diese Ideen wie nur von sich aus entwickelte? — freilich zu FARADAYS Gedächtnis, auf dessen Lebenswerk ja auch MAXWELL fußte.

einer beobachteten Tatsache eingeführt, alsbald vom Publikum aufgegriffen wurde, um damit gleichzeitig ein ganzes Gebäude eingebildeter Kenntnis darzustellen. Solange wir nicht wissen, ob positive oder negative Elektrizität, oder beide, einen Stoff bedeuten sollen, oder aber das Fehlen eines Stoffes, und solange wir nicht wissen, ob die Geschwindigkeit eines elektrischen Stromes nach 100 000 von Meilen in der Sekunde zu bemessen sei, oder nach 100tel Zollen in der Stunde, oder selbst ob der Strom von der positiven Seite zur negativen fließt, oder umgekehrt, müssen wir es vermeiden, vom „elektrischen Fluidum“ zu sprechen.“

Man sieht aus der Zusammenstellung der beiden Äußerungen Maxwells jedenfalls, daß er den Stand der Kenntnis, wie er war, darstellen und von allen Seiten gerecht beleuchten wollte; den Vorwurf der Einseitigkeit kann man ihm nicht machen, wenn es auch seinem eigenen Lebenswerk naturgemäß entsprach, daß er die Aufmerksamkeit von ‚der Elektrizität‘, die in den von ihm in neuer Weise dargestellten Erscheinungen sich nicht meldete, im ganzen ablenken mußte.[137]

Aber nicht nur der Umstand, daß die damals im Vordergrund des Interesses stehenden, von Faraday entdeckten Erscheinungen die Elektrizität an sich nicht betrafen, spielte eine Rolle bei deren Ablehnung, sondern es war wohl auch der mächtige Eindruck der nicht lange vorher erfolgreich vollzogenen Elimination der „Wärme“ als eines besonderen Stoffes, der hierbei mitwirkte. So ist es wohl erklärlich, daß auch bei Hittorf, der doch mit seiner Entdeckung und seinem ersten Studium der Kathodenstrahlen die Grundlage lieferte, auf der man nachher mit Erfolg der „Elektrizität“ beizukommen vermochte, dieses Streben nach Abwerfung der „Imponderabilien“ so lebendig war, daß er gerade an der Stelle, wo er die Wichtigkeit der weiteren Untersuchung der Elektrizitätsleitung in den Gasen hervorhebt, sagt (2, S. 223): „... es ist nicht unmöglich, daß die Gase auch auf unserem Gebiete, wie in der Lehre von der Wärme, am leichtesten das Wesen der Erscheinungen erkennen lassen und die moderne Physik von den letzten Imponderabilien, den elektrischen, befreien werden“.

---

[137] Wenig erfreut vergleicht man jene Gediegenheit der Auffassung mit dem einseitigen Drängen nach Herrschendmachen selbstbevorzugter Gesichtspunkte — wie z. B. den der „Abschaffung des Äthers“ —, das noch dazu vor dem auf eigene Urteilsbildung nicht vorbereiteten großen Publikum von seiten heutiger Vertreter der Naturwissenschaft merkbar geworden ist.

Am eingehendsten und in frühester Zeit — noch vor MAXWELL — hat wohl W. WEBER die Annahme atomistischer Struktur der Elektrizität eingeführt und verfolgt, nicht zwar mit Bezug auf den Erfahrungsanhalt der Elektrolyse, jedoch mit ausdrücklichem Hinweis darauf, daß eingehendes Verständnis der Vorgänge in den Elektrizitätsleitern überhaupt nicht nur der Materie, sondern auch der Elektrizität solche Struktur zuerkennen müsse. Er sagt hierüber („Zur Galvanometrie", Kgl. Ges. der Wissenschaft zu Göttingen 1862; Werke Bd. 4, S. 91 u. 92): „Hierbei dürfte die ideale Annahme ... stetig und gleichförmig verteilter Substanzen ... der beiden elektrischen Fluida ... nicht zulässig erscheinen, vielmehr leuchtet hierbei leicht die Notwendigkeit ein, die ponderable Substanz des Leiters in einzelnen Molekülen anzunehmen, die von elektrischen Teilchen umgeben sind, welche sich im Falle eines Stromes von einem Molekül zum anderen fortbewegen." Besonders bemerkenswert ist es dabei, daß W. WEBER bereits damals jedem der „elektrischen Teilchen" nicht nur eine bestimmte Ladung, sondern auch eine bestimmte Masse (Trägheit) zuschreibt, so daß er mit Ladung und Masse rechnen kann („Elektrodynamische Maßbestimmungen", Abhandlungen der Königl. Sächsischen Ges. der Wissenschaft 1871, Werke Bd. 4, S. 247 u. ff.), etwa wie wir es heute zu tun gewohnt sind. So behandelt er z. B. schon damals die „Ampèreschen Molekularströme" als kreisende Bewegungen solcher „elektrischen Teilchen" unter der Annahme, „daß alle ponderabelen Moleküle Verbindungen positiv und negativ elektrischer Moleküle seien", und er entwirft im Prinzip genau unsere heutige Theorie der Elektrizitätsleitung in Metallen. Daß dies alles wieder in Vergessenheit geraten konnte und nur sporadisch und teilweise bei MAXWELL und HELMHOLTZ später wieder auftauchte, dies zeigt am besten die außerordentlichen Schwierigkeiten, welche der Verwertung einer so konkreten Auffassung der Elektrizität entgegenstanden, solange nicht unmittelbarer und wohlgesicherter Erfahrungsanhalt, wie ihn nachher die Kathodenstrahlen lieferten, zur festen Grundlage vorhanden war.

Literaturverzeichnis

von Anbeginn bis 1906, in zeitlicher Reihenfolge.[1]

0. 1672 **O. von Guericke,** „Neue Magdeburgische Versuche über den leeren Raum".
[(Zu S. 24, 25 des Vortrags.) Bringt mit seiner Luftpumpe (etwa von 1650 an) den nach Willkür von Materie zu befreienden oder mit ihr zu erfüllenden Raum zum erstenmal in das Bereich des Experimentators. Stellt und bearbeitet als Erster die Frage, ob seinerzeit ihrer Natur nach noch unaufgeklärte Strahlungen, wie Schall, Licht zu ihrer Ausbreitung der Materie bedürfen, oder ob nicht.]

1. 1860 **M. Faraday,** „Experimental Researches in Electricity". Von 1820 an.
[(Zu S. 12, 31, 35, 36 des Vortrags.) Faraday ist unmittelbar in bezug auf unseren Gegenstand als der Erste zu nennen, der auf Grund eingehender Beobachtungen an verdünnten Gasen die Sonderung der Gasentladungserscheinung in die positive Lichtsäule und das negative Glimmlicht einführte, indem er erkannte, daß die beiden verschiedene Eigenschaften haben und durch einen dunklen Zwischen-

[1] [Das Prinzip der Auswahl der hier in erster Linie als maßgebend für die Entwicklung hingestellten Arbeiten ist in der 1. Fußnote zum Vortrag (S. 11) angegeben (vgl. auch die Vorbemerkung, S. 8 u. f.).]

Für die Reihenfolge der Veröffentlichungen ist das Datum ihrer Vorlegung bei einer gelehrten Gesellschaft bzw. ihres Einganges bei der Schriftleitung einer Zeitschrift maßgebend gewesen. Wo solche Eingangsvermerke fehlten, wurde der Zeitpunkt des öffentlichen Erscheinens der betreffenden Druckschrift in Betracht gezogen, soweit er ermittelbar war.

[Zu jeder Veröffentlichung ist ein Hinweis hinzugefügt worden auf die Stelle des Vortrags, wo sie eine Rolle spielt, sowie eine Charakteristik des Inhalts, soweit er unseren Gegenstand betrifft, womit zugleich die Begründung gegeben ist, warum die Veröffentlichung in das wie angegeben ausgewählte Verzeichnis aufzunehmen war.

Eingeklammerte Zahlen im Vortrag sowie in den Anhängen beziehen sich auf die Nummern dieses Verzeichnisses.]

raum — den „FARADAYschen Dunkelraum" — voneinander getrennt sind (Exp. Res. § 1544, 1838). Hiervon geht 31 Jahre später HITTORF aus (2) und fügt die Entdeckung der Strahlen jenes Glimmlichts — der Kathodenstrahlen — hinzu. — FARADAY hat außerdem mit seiner Entdeckung der Induktion die Spannungsquelle geliefert — das Induktorium —, ohne welche die grundlegenden Versuche mit Kathodenstrahlen nicht günstig ausgeführt worden wären. — Seine Anschauungen über den Sitz elektrischer Kraft im Raum (Äther), von MAXWELL in mathematische Form gebracht (3), von HERTZ in besonderer Weise bestätigt (9), waren wesentlich für die Entwicklung unseres Gegenstandes.]

2. 1869 **W. Hittorf,** „Über die Elektrizitätsleitung der Gase". POGG. Ann. Bd. 136.

[(Zu S. 12 u. 28 des Vortrags.) Entdeckung der Kathodenstrahlen und ihrer magnetischen Ablenkung; Erkenntnis des Elektrizitätstransports durch dieselben und eingehendes Studium ihres Laufes und ihrer Erzeugungsbedingungen unter allen in der Entladungsröhre bei nicht allerhöchsten Verdünnungen herstellbaren Bedingungen (vgl. dazu Anhang I). Gleichzeitig erste grundlegende Untersuchung über Elektrizitätsleitung in Flammen, in welchen, wie spätere Untersuchungen zeigten (45), dieselben freien Elektronen eine Rolle spielen wie bei den Kathodenstrahlen.]

3. 1873 **J. C. Maxwell,** „A Treatise on Electricity and Magnetism".

[(Zu S. 31 u. 36 des Vortrags.) Bringt FARADAYs Vorstellungen über das elektromagnetische Feld und zugleich alle bis dahin bekannten elektrischen und magnetischen Erscheinungen in ein Gleichungssystem, das außerdem auch die Optik umfaßt — was zuerst von HERTZ richtig betont worden ist (9) — und liefert dadurch die Grundlage zu einer mit aller übrigen Kenntnis richtig verbundenen Theorie des elektromagnetischen Feldes nicht nur, sondern auch der Kathodenstrahlen. Liefert auch zu früher Zeit die treffendsten Aussprüche über die vor eingehendem Studium der Kathodenstrahlen vorhandene gesamte Kenntnis von der Elektrizität (vgl. Anhang IV).]

4. 1876 **E. Goldstein,** „Über elektrische Entladungen in verdünnten Gasen". Monatsber. d. Berl. Akad. Auch fortgesetzt in den Jahrgängen 1880, 81 derselben Monatsber.

[(Zu S. 12, 28 u. 37 des Vortrags.) Es ist unter GOLDSTEINs zahlreichen Beobachtungen an Entladungsröhren als neu besonders die der „Deflexion" der Kathodenstrahlen hervorzuheben, d. i. der Tatsache, daß die Kathodenstrahlen von einer zweiten Kathode abgebogen werden. Daß nicht die von der zweiten Kathode ausgehende Entladung, sondern nur das elektrische Feld der zweiten Kathode die Ursache der Abbiegung ist, konnte allerdings erst nachgewiesen werden, nachdem es möglich geworden war, die Erscheinung im vollständigen Vakuum zu studieren; sie ist dann in quantitativer Verfolgung grundlegend geworden für die Erkenntnis der Natur der Kathodenstrahlen (s. Anhang III b). Außerdem brachten diese Untersuchungen die Entdeckung der Kanalstrahlen (1886), die heute schon Gegenstand ebenso ausgedehnter und wichtiger Forschungen geworden sind wie die Kathodenstrahlen, und deren Kenntnis auch bei der Aufklärung der Entstehung der Kathodenstrahlen im Entladungsrohr wesentlich war.]

5. 1879 **W. Crookes,** „Strahlende Materie oder der vierte Aggregatzustand" (deutsche Übersetzung erschienen in Leipzig). Auch Philosoph. Trans. Roy. Soc. Vol. 170.

[(Zu S. 12–14 des Vortrags.) Diese besonders in der Vortragsform weit verbreitete Veröffentlichung bringt Erweiterungen der Resultate Hittorfs (2), des Entdeckers der Kathodenstrahlen, mit Benutzung weit besserer Hilfsmittel als sie diesem zur Verfügung standen. Sie ist mit Begeisterung geschrieben und erweckt solche unmittelbar, besonders auch durch die Einfachheit der behandelten Erscheinungen; sie hat wohl unzweifelhaft zum erstenmal die Existenz der Kathodenstrahlen zu allgemeiner Kenntnis gebracht, und zwar auch in Deutschland, wo Crookes' Vortrag in Übersetzung erschienen ist. Daß dabei niemand etwas von Hittorf erfuhr, ist beschämend, aber auch bezeichnend für deutsche Geistesverfassung damaliger, aber auch heutiger Zeit (s. den Anhang I). — Crookes macht bei dieser Gelegenheit die Hypothese der geschleuderten und geladenen Gasmoleküle zum Leitstern seiner Betrachtungen, ohne im übrigen später, wo sie schon widerlegt war (18), so zähe — oder überhaupt — daran festzuhalten wie sein Landsmann Stokes (s. dazu Anhang II).]

6. 1881 **H. v. Helmholtz,** „On the modern Development of Faradays Conceptions of Electricity". Journal of the Chem. Soc. Vol. 39. — Wissensch. Abhandlungen Bd. 3, S. 52.

[(Zu S. 34 des Vortrags.) Enthält den Hinweis auf das Auftreten „elektrischer Elementarquanten" bei der Elektrolyse, der übrigens früher schon von Maxwell gebracht worden war (3). (Vgl. Anhang IV.)]

7. 1883 **H. Hertz,** „Versuche über die Glimmentladung". a) Wied. Ann. Bd. 19. — b) Ges. Werke Bd. 1, S. 242.

[(Zu S. 28 u. f. des Vortrags.) Enthält zum erstenmal den Gedanken, die Goldsteinsche Deflexion der Kathodenstrahlen (4) als reine Wirkung eines elektrischen Querfeldes aufzufassen und diese elektrische Ablenkung mit der HITTORFschen magnetischen Ablenkung (2) zu kombinieren, um daraus die Geschwindigkeit der probeweise als geschleuderte elektrische Massen aufgefaßten Strahlen zu ermitteln; — zugleich auch den Versuch, Elektrizitätstransport durch die Strahlen nachzuweisen, und zwar direkt durch den Auffangekäfig und außerdem indirekt durch die Magnetnadel. Die Durchführung muß als nicht gelungen bezeichnet werden, obgleich sie einen für damalige Experimentatoren mit Entladungsröhren gänzlich ungewohnten Aufwand von Scharfsinn bietet; der Weg zu reinen Versuchen war damals noch zu weit und zu schlecht erkennbar und HERTZ' Hilfsmittel waren zu beschränkt (vgl. die Anhänge II, IIIa u. IIIb).]

8. 1887 **H. Hertz**, „Über einen Einfluß des ultravioletten Lichtes auf die elektrische Entladung". Sitz.-Ber. der Berl. Akad. v. 9. Juni — Ausführlicher in WIED. Ann. Bd. 31.

[(Zu S. 15 u. 39 des Vortrags.) HERTZ macht die Entdeckung dieses Einflusses bei Gelegenheit seiner Versuche über elektrische Wellen und belegt sie mit überreichlichem Beweismaterial. Letzteres, und die Fortführung der Versuche über die elektrischen Wellen, hat ihn offenbar verhindert, den Einfluß in einfachster, reinster Form zur Darstellung zu bringen, was später HALLWACHS gelang (11). Die Entdeckung war eine von denen, die von Zeit zu Zeit auftauchen, um jungen Geistern zu zeigen, wie mit verhältnismäßig einfachen experimentellen Mitteln und ohne jeden Aufwand verwickelter Theorie noch gänzlich Unbekanntes zu finden ist, wenn man nach neuen Gesichtspunkten auf neue Kombinationen altbekannter Dinge ausgeht.]

9. **H. Hertz**, „Untersuchungen über die Ausbreitung der elektrischen Kraft".

[(Zu S. 31, 34, 36 des Vortrags.) Die bekannten, von HERTZ selbst in einem Bande vereinigten Untersuchungen, die FARADAYS und MAXWELLS Vorstellungen von den elektrischen und magnetischen Kräften (1, 3) mit dem greifbaren, der damaligen gewohnten Anschauung völlig neuen Erfolge krönten: daß es „elektrische Wellen" gebe, die wie Licht sich verhalten, und mit denen man unter bestimmten Umständen mit aller Sicherheit experimentieren könne. Zugleich Nachweis der selbständigen Existenz und der zeitlichen Ausbreitung elektrischer und magnetischer Kraft im Raum und damit neuer Nachweis des raumerfüllenden Mediums, dessen Zustand jene Kräfte ausmachen muß; richtunggebend für die Abkehr von den „unvermittelten", die bloße Existenz der Kraftzentren voraussetzenden „Fernkräften". — Zugleich auch erste Anzeige davon, daß jedes leuchtende Atom ein elektrischer Oszillator sein, also — irgendwie — schwingende Elektrizität enthalten müsse und damit (wenn man auch damals sich scheute, die „Elektrizität" ins Auge zu fassen) zuerst einigen Halt gebend für die Entwicklung der heute geläufigen Vorstellungen vom Aufbau der Atome.]

10. 1888 **O. Heaviside,** „On electromagnetic Waves". Philos. Magazine. Ser. 5. Vol. 25 u. 26. Ferner „On the electromagnetic Effects due to the motion of Electrification through a dielectric". Philos. Magazine. Ser. 5. Vol. 27 (1889); „A Charge suddenly jerked into Motion", „Sudden Stoppage of Charge". The Electrician, May 1 1891. Auch Electrical Papers. Vol. 2, S. 375 u. 504 und „Electromagnetic Theory", Vol. 1, S. 54.

[(Zu S. 35 u. 38 des Vortrags.) Erste eingehende Erörterungen über die elektromagnetische Natur der Trägheit auf Grund von MAXWELLs Theorie (3), dadurch wichtig für die Untersuchung der räumlichen und der Bewegungsverhältnisse der elektrischen Elementarquanten, nachdem diese später erkannt worden waren. Zugleich auch erster Nachweis des Auftretens transversaler Ätherstöße bei plötzlichem Festhalten bewegter Elektrizität, was ebenfalls viel später erst, in RÖNTGENs Entdeckung (22), — anfänglich unerkannt — seine experimentelle Verwirklichung fand.]

11 **W. Hallwachs,** „Über den Einfluß des Lichtes auf elektrostatisch geladene Körper". WIED. Ann. Bd. 33.

[(Zu S. 39 des Vortrags.) Erstmalige Darstellung der von HERTZ entdeckten Wirkung (8) in einfachster Form — wieder ein neuer Erfolg mit sehr einfachen experimentellen Hilfsmitteln —; richtunggebend für alle Fortschritte zum Verständnis der Wirkung.]

12 1889 **P. Lenard und M. Wolf,** „Zerstäuben der Körper durch das ultraviolette Licht". WIED. Ann. Bd. 37.

[(Zu S. 39 des Vortrags.) Ein erster Versuch, die von HERTZ entdeckte, von HALLWACHS auf einfachste Form gebrachte Wirkung (8, 11) zum Verständnis zu bringen. Er war nicht geglückt, hat aber Wege zu Weiterem gezeigt, sowohl was die lichtelektrische Wirkung überhaupt anlangt (32), als auch in bezug auf die Wirkung des ultravioletten Lichts auf gasförmige Körper (35, 40) und auf die Nebelbildung (Dampfstrahlwirkung) in Luft überhaupt (vgl. die Note 43, S. 39 des Vortrags).]

13. 1890 **A. Schuster,** „The Discharge of Electricity through Gases". Proceedings of the Roy. Soc. Vol. 47. (Eingeg. 20. März.)

[(Zu S. 28 u.f. des Vortrags.) Enthält die bereits von HERTZ eingeführten Gedanken (7) in veränderter Form durchgeführt, die aber keinen Fortschritt bedeutet. Die Versuche sind ebenfalls nicht rein, und ihr von dem HERTZschen verschiedenes Resultat konnte also nichts Entscheidendes bedeuten, machte aber doch auf die vorliegenden Schwierigkeiten eindringlich aufmerksam (vgl. Anhänge II und IIIb).]

14. **A. Righi**, „Sulle traiettorie percorse nella convezione foto-elettrica, . . ." Atti d. Reale Accad. dei Lincei. Vol. 6 (2). (Eingeg. 3. August.)
[(Zu S. 40 des Vortrags.) Enthält eine eingehende Untersuchung der lichtelektrischen Wirkung (8, 11, 12) bei vermindertem Gasdruck, die brauchbare Fingerzeige für weiteres Fortschreiten gab.]

15. 1892 **H. Hertz**, „Über den Durchgang von Kathodenstrahlen durch dünne Metallschichten". Wied. Ann. Bd. 45. — Ges. Werke. Bd. 1, S. 355.
[(Zu S. 15 u. f. des Vortrags.) Kurze, aber überzeugend die Tatsache nachweisende Mitteilung, daß es für Kathodenstrahlen, deren Ausbreitung man bis dahin nur in ganz verdünnten Gasen zu sehen gewohnt war, durchlässige feste Schichten gibt. Die Erkenntnis wurde wichtig für die Ermöglichung reiner Versuche mit Kathodenstrahlen (18, 19, 21, 27, 30).]

16. **P. Lenard**, „Über die Elektrizität der Wasserfälle". Wied. Ann. Bd. 46.
[(Zu S. 56 des Vortrags.) Bringt einen ersten gründlich untersuchten Fall der Elektrisierung eines Gases, wobei der im Gas vorhandene Staub (Wasserstaub) unmöglich Ladungsträger sein konnte, da er eine der Gasladung im Vorzeichen entgegengesetzte Ladung trug. Es war dadurch die bis dahin lange Zeit zweifelhafte Natur der Ladungsträger — ob sie Gasmoleküle sein könnten, oder ob sie vielleicht stets nur die in gewöhnlichen Gasen fast nie fehlenden Staubpartikel seien — in ersterem Sinne entschieden, was einen Anhaltspunkt zur weiteren Entwicklung des Studiums der Elektrizitätsleitung in Gasen lieferte.]

17. **H. Helmholtz**, „Elektromagnetische Theorie der Farbenzerstreuung". a) Sitz.-Ber. d. Berl. Akad. 15. Dezember. — b) Wied. Ann. Bd. 48. — c) Wissensch. Abhandlungen. Bd. 3, S. 505.
[(Zu S. 38 u. 42 des Vortrags.) Eine der letzten Veröffentlichungen von Helmholtz. Enthält Hinweise auf eine einfache Hypothese, betreffend den Mechanismus der damals bereits bekannten lichtelektrischen Wirkung (8, 11), wobei allerdings angenommen wird, daß Ionen (wie in 12, nicht die erst später erkannten Elektronen) aus dem belichteten Körper entweichen; — außerdem den Hinweis auf den Brechungsexponenten 1 für Lichtstrahlen von äußerst kurzer Wellenlänge, welcher Fall dann später (22) in den von Röntgen entdeckten Strahlen verwirklicht worden ist, ohne daß man dadurch allerdings sogleich auf die Hypothese geführt worden wäre, es mit Äthertransversalwellen äußerst kurzer Wellenlänge zu tun zu haben.]

18. 1894 **P. Lenard**, „Über Kathodenstrahlen in Gasen von atmosphärischem Druck und im äußersten Vakuum“. a) Sitz.-Ber. d. Berl. Akad. v. 12. Jan. 1893. — b) Ausführlicher WIED. Ann. Bd. 51.

[(Zu S. 17—28, 30, 38, 39, 44 u. 46 des Vortrags.) Aluminiumfensterrohr als Mittel, reine Versuche mit den Kathodenstrahlen auszuführen. Die Beobachtungsbedingungen können jetzt beliebig gewählt werden, ganz unabhängig davon, ob sie der Erzeugung der Strahlen etwa hinderlich sind, oder ob nicht. So können die Strahlen jetzt z. B. in Luft oder in anderen Gasen von atmosphärischem Druck und auch im äußersten Vakuum beobachtet werden. Außerdem kann jede beliebige Änderung in den Beobachtungsbedingungen vorgenommen werden, z. B. Druckänderung eines gasförmigen Mediums, ohne daß dies die Erzeugungsbedingungen und dadurch die Art der benutzten Strahlen im mindesten beeinflußte. Auch können in freier Luft oder in wenig verdünntem Gas jetzt leicht und schnell die Beobachtungsbedingungen variiert werden, während die hochevakuierte Erzeugungsröhre uneröffnet bleibt, womit ein großer Teil technischer Schwierigkeiten aus dem Wege geräumt wird. — Erstmalige Durchführung vieler reiner Versuche mit den Strahlen unter wohldefinierten gut reproduzierbaren Erzeugungsbedingungen. Die Strahlen werden so unter ganz neuen Bedingungen kennen gelehrt, vor allem wird auch zum erstenmal unzweifelhaft gezeigt, daß sie von den elektrischen Kräften der sie erzeugenden Entladung ganz unabhängig bestehen und weiter sich ausbreiten können, und daß sie nicht Vorgänge in der Materie sind, also auch nicht geschleuderte geladene Moleküle. Sie machen die Luft elektrisch leitend, und zwar, wie jetzt mit Sicherheit nachweisbar war, ohne jedes Mitwirken fremder elektrischer Kräfte; sie verwandeln Sauerstoff in Ozon. Sie werden von materiellen Medien regelmäßig absorbiert, ähnlich wie Licht, aber von diesem wieder insofern gänzlich verschieden, als die Durchsichtigkeit oder Undurchsichtigkeit der Medien hier gar keine Rolle spielt. Variation der Erzeugungsbedingungen zeigt, daß es Strahlen verschiedener Ablenkbarkeit gibt, je nach der Verdünnung, also auch der Entladungsspannung im Erzeugungsrohr, wobei jetzt sichersteht, daß die Verschiedenheit der Ablenkbarkeit nicht etwa der Verschiedenheit des Mediums zugehört, in welchem die Ablenkung beobachtet wird. Das Glimmlicht der Entladungsröhren wird unzweifelhaft als von Kathodenstrahlen erleuchtetes Gas nachgewiesen. Im äußersten Vakuum breiten sich die Strahlen lichtlos, ohne Energieverlust und mit voller Schärfe geradlinig aus, so daß meterlange, schmale Strahlbündel erhältlich sind. Besonders eingehend durchgeführt ist die ebenfalls nun erst möglich gewordene Beobachtung des Verhaltens von Strahlen bestimmter festgehaltener Erzeugungsweise — Geschwindigkeit — in beliebigen Gasen von beliebigem Druck. Der diffuse Lauf der Strahlen in materiellen Medien wird hierbei nachgewiesen und zum erstenmal eingehend studiert und in quantitativ verwertbaren Strahlenzeichnungen dargestellt. Es eröffnen sich dadurch erste Aussichten, mit Hilfe der Strahlen Neues über den inneren Aufbau der Materie zu erfahren, indem diesen Strahlen gegenüber jedes einzelne Molekül der Materie als gesondertes Hindernis wirkend sich zeigt; zugleich zeigt sich, daß die Strahlen jedenfalls Vorgänge von großer Feinheit sein müssen, bei welchen Abmessungen in Betracht kommen — die Durchmesser der Elektronen, sagen wir heute —, welche klein sind gegenüber denen der Moleküle — Es wird auch die Röhre mit dem Platinverschluß angegeben, die anderen Experimentatoren den Weg in das hier neu eröffnete Beobachtungsgebiet ebenen sollte, und die diesen Zweck auch erfüllt hat.]

19. **P. Lenard**, „Über die magnetische Ablenkung der Kathodenstrahlen" WIED. Ann. Bd. 52.

[(Zu S. 33, 38 u. 48 des Vortrags.) Die magnetische Ablenkbarkeit von Kathodenstrahlen, die unter festgehaltenen Bedingungen erzeugt werden, wird von überraschender Unveränderlichkeit gefunden, auch wenn dieselben beliebige Gase und auch festes Aluminium durchfahren. Es war das ein besonderer — allerdings nach 18 nicht mehr notwendiger — Beweis gegen die damals noch sehr vorherrschende Auffassung der Kathodenstrahlen als geschleuderte Moleküle (vgl. Anhang II, Note 101). Unter variierten Erzeugungsbedingungen — Gasdruck und damit Entladungsspannung im Erzeugungsrohr — ergeben sich Strahlen von verschiedener magnetischer Ablenkbarkeit, die ebenfalls konstant, von den Beobachtungsbedingungen unabhängig sich zeigt, und zwar ganz so, als wären die Strahlen geschleuderte negativ geladene Massen, — obgleich doch nachgewiesen war, daß sie solche Massen bekannter Art nicht sind.]

20. **H. Hertz**, „Die Prinzipien der Mechanik in neuem Zusammenhange dargestellt".

[(Zu S. 36 des Vortrags.) Das bekannte Werk, das letzte des Verfassers, in welchem er, ganz im Sinne seiner eigenen experimentellen Resultate über die elektromagnetischen Kräfte (9), alle Kräfte als dynamischen Ursprungs, d. i. durch verborgene Bewegungen erklärt, wobei er die gesamte theoretische Physik von Grund aus neu aufbaut. — Vom Gesichtspunkt dieses Werkes aus habe ich einen Mangel an

Beschleunigung bereits sehr schnell bewegter Elektronen im beschleunigenden elektrischen Felde gesucht (30), der später von KAUFMANN in der Tat gefunden worden ist (43). Die heute geläufige quantitative Behandlung der Erscheinung wird allerdings nicht mittels HERTZ' Mechanik, sondern mittels des Relativitätsprinzips gewonnen, wobei statt eines Versagens der Kraft bei großen Geschwindigkeiten ein Steigen der Masse angenommen wird.]

21. 1895 **P. Lenard**, „Über die Absorption der Kathodenstrahlen". WIED. Ann. Bd. 56. (Erschienen im Oktober-Heft.)

[(Zu S. 21—24 u. 38 des Vortrags.) Es wird die Absorption zum erstenmal quantitativ und in sehr vielartigen materiellen Medien untersucht und das Gesetz der Massenproportionalität ohne Rücksicht auf die Art und den Aggregatzustand des Stoffes gefunden, ein Zusammenhang, welcher vorher bei keiner anderen Art von Strahlung bekannt war, und welcher für die neuen Erkenntnisse über den inneren Aufbau der Materie von besonderer Wichtigkeit geworden ist, — zugleich das erste quantitative Gesetz über Kathodenstrahlen überhaupt. Auch für die Trübung der Materie den Kathodenstrahlen gegenüber gilt die Massenproportionalität. Trübung und Absorption steigen mit sinkender magnetischer Ablenkbarkeit (Geschwindigkeit) der Strahlen.]

22. **W. C. Röntgen**, „Über eine neue Art von Strahlen". Sitz.-Ber. d. Würzburger Phys.-Med. Ges. v. Dezember. — Wieder abgedruckt in WIED. Ann. Bd. 64.

[(Zu S. 26 u. f. des Vortrags.) Erste Veröffentlichung über die Existenz der neuen, heute als Hochfrequenz- oder Ätherimpulsstrahlung zu bezeichnenden, beim Auftreffen von Kathodenstrahlen auf Materie entstehenden Strahlung.]

23. 1896 **A. Righi**, „Sulla Propagazione dell' Elettricità nei Gas attraversati dai Raggi di Röntgen". Mem. della R. Accademia delle Sc. Bologna. Ser. 5. Tomo 6. (Vorgelegt 31. Mai.)

[(Zu S. 38 des Vortrags.) Enthält Beobachtungen, aus welchen zu schließen ist, daß die von RÖNTGEN entdeckten Strahlen keine elektrische Ladung mit sich führen, was im Vergleich zum später festgestellten negativen Ladungstransport von Kathodenstrahlen (28) als ein erstes Zeichen der anfänglich zweifelhaften Wesensverschiedenheit der beiden Strahlenarten gelten konnte.]

24. **P. Zeeman**, „On the influence of Magnetism on the Nature of the Light emitted by a Substance". Comm. from the Lab. of Physics Leiden. Transl. from: Verslagen d. Kon. Akad. v. Wetensch. te Amsterdam, 31. Octob.

[(Zu S. 34 u. 35 des Vortrags.) Wichtige Entdeckung einer schon von FARADAY gesuchten Wirkung des Magnetfeldes auf eine Strahlungsquelle. Die einfachste Deutung war die, daß die schon seit HERTZ (9) unzweifelhafte elektrische Schwingung des leuchtenden Atoms in einer Schwingung negativer Elektrizität bestehe, deren Masse außerordentlich klein ist. Das Verhältnis von Ladung zu Masse des Schwingenden ergab sich von derselben Größe, wie es bald darauf bei den Kathodenstrahlen festgestellt wurde (25, 28). Durch diese in nahe gleichzeitigen Untersuchungen sehr verschiedener Art bei zwei sehr verschiedenen Gelegenheiten gefundene Übereinstimmung wurde es wahrscheinlich, daß man in beiden Fällen dasselbe negative Elementarquantum aufgefunden habe, das man auch als Ionenladung der Elektrolyten zu vermuten schon lange Ursache hatte (3, 6), ohne allerdings zu jener früheren Zeit etwas über die Größe seiner Masse aussagen zu können. Die Übereinstimmung der Masse beim Zeemaneffekt und bei den Kathodenstrahlen unter Annahme der Gleichheit der Ladung mit der des einwertigen Ions gab den Hauptgesichtspunkt ab zu der dann immer mehr sich befestigenden Überzeugung, daß man es überall, wo Elektrizität eine Rolle spielt, mit demselben Elementarquantum, wenigstens der negativen Elektrizität, zu tun habe.]

25. 1897 **J. J. Thomson,** „Cathode Rays". Philos. Magazine. Ser. 5. Vol. 44. (Erschienen im Oktober-Heft.) [In vorläufiger Darstellung auch „The Electrician", 21. Mai 1897 (Vortrag, gehalten am 30. April 1897).]

[(Zu S. 30 des Vortrags.) Enthält die schon von HERTZ (7) ausgeführten Versuche zur Aufklärung der Natur der Kathodenstrahlen in vorteilhafterer, aber allerdings doch nicht vollkommen reiner Durchführung (vgl. Anhang II u. III a u. b); außerdem auch eine durch die unter 18 und 21 veröffentlichten Beobachtungen nahegelegte und durch eigene Versuche wesentlich bestätigte Hypothese vom Aufbau der Atome aus positiver und negativer Elektrizität, die nun, in leicht weiter zu pflegende Verbindung mit der Erfahrung gebracht, mit wesentlich größerer Sicherheit auf Ausbau und Erfolg rechnen konnte als einst bei W WEBER (vgl. Anhang IV).]

26. **E. Rutherford,** „The Velocity and Rate of Recombination of the Ions of Gases exposed to Röntgen Radiation". Philos. Magazine. Ser. 5. Vol. 44. (Erschienen im November-Heft.)

[(Zu S. 57 des Vortrags.) Erste Messung von Wanderungsgeschwindigkeiten von Elektrizitätsträgern in Gasen in absolutem Maße; gab zum erstenmal festen Anhalt für eingehendere Vorstellungen über den Mechanismus der Elektrizitätsleitung in Gasen und war dadurch grundlegend für den weiteren Ausbau dieses Gebiets.]

27. P. Lenard, „Über die elektrische Wirkung der Kathodenstrahlen auf atmosphärische Luft". WIED. Ann. Bd. 63. (Erschienen 11. Dezember.)

[(Zu S. 27 u. 38 des Vortrags.) Es wird hier die schon früher (18) zum erstenmal einwandfrei nachgewiesene Tatsache, daß Kathodenstrahlen die Luft elektrisch leitend machen, und zwar ohne jede Mitwirkung fremder elektrischer Kräfte, eingehender untersucht. Der Gegenstand wurde wichtig für das Durchdringen zum Verständnis der elektrischen Entladungserscheinungen in Gasen überhaupt (er findet sich verfolgt bis zur Erkenntnis des Mechanismus der Erzeugung der Elektrizitätsträger durch Kathodenstrahlen in 46). Auch wird hier die Nebelkernbildung durch Kathodenstrahlen studiert und es wird gezeigt, daß die früher am Aluminiumfenster angestellten Beobachtungen (18, 19, 21) keineswegs — wie man vermuten wollte — durch wesentliche Mitwirkung von Wellen- oder Impulsstrahlung unrein und also unbrauchbar seien.]

28. 1898 P. Lenard, „Über die elektrostatischen Eigenschaften der Kathodenstrahlen". WIED. Ann. Bd. 64. (Eingegangen 2. Januar.)

[(Zu S. 30—33 des Vortrags.) Es ist hier gezeigt, daß den Kathodenstrahlen genau jene elektrostatischen Eigenschaften zukommen, welche fortgeschleuderten negativen Ladungen entsprechen, und zwar ist — worauf besonderer Wert gelegt ist — diese für alle Folge höchst wichtig gewordene Erkenntnis durch Versuche begründet, welche unter so reinen Umständen als nur möglich angestellt sind, nämlich im äußersten Vakuum und völlig getrennt von der erzeugenden Entladung. Es waren dies die ersten, ganz durchgeführten Versuche dieser Art (vgl. Anhang IIIa und b). — Das Resultat hiervon, daß die Kathodenstrahlen fortgeschleuderte elektrische Ladungen seien, zusammen mit dem früheren (18), daß sie nicht fortgeschleuderte Materie seien, führte zu dem Schlusse, daß es „besondere Teile des Äthers gebe, welche selbständig beweglich sind, welche Masse (Trägheit) besitzen und welche zugleich als Träger elektrischer Ladungen auftreten" (die Elektronen). — Es wird auch gezeigt, daß die Ladung der Strahlen mit diesen durch dünne Isolatorschichten geht, wodurch sie leicht auffangbar wird (späterer Paraffinkondensator zu Meßzwecken, siehe 52).]

29. E. Wiechert, „Experimentelle Untersuchungen über die Geschwindigkeit und die magnetische Ablenkbarkeit der Kathodenstrahlen". Nachr. d. K. Ges. d. Wissensch. zu Göttingen. (Vorgelegt am 19. März.)

[(Zu S. 35 der Vortrags). Erste einwandfreie und ganz

durchgeführte unmittelbare experimentelle Ermittlung der Fortpflanzungsgeschwindigkeit von Kathodenstrahlen (vgl. Anhang III c)].

30. **P. Lenard**, „Über das Verhalten von Kathodenstrahlen parallel zu elektrischer Kraft". WIED. Ann. Bd. 65. (Eingegangen 1. Mai.) — Auch veröffentlicht in den Math. u. Naturw. Ber. aus Ungarn Bd. 16.

[(Zu S. 32, 36 u. 38 des Vortrags.) Einwandfreier Nachweis in vollkommen reinen Versuchen, daß die Geschwindigkeit der Kathodenstrahlen durch elektrische Kraft quantitativ nach Maßgabe der heute gültigen Vorstellung von der Natur dieser Strahlen geändert wird. Zusammen mit 29 wohl Schlußstein im Beweise für die Richtigkeit dieser Vorstellung. — Zugleich wird versucht, ob nicht — entsprechend der Annahme dynamischer Natur der elektrischen Kraft (20) — bei sehr großer Geschwindigkeit ein Zurückbleiben der Beschleunigung der Strahlen gegenüber der beschleunigenden Kraft merklich würde. Der Nachweis gelang damals nicht; die verfügbaren Geschwindigkeiten waren noch zu fern der Lichtgeschwindigkeit (vgl. 43)].

31. **J. J. Thomson**, „On the Charge of Electricity carried by the Ions produced by Röntgen Rays". Phil. Mag. Ser. 5. Vol. 46. (Erschienen im Dezember-Heft.) — Fortgesetzt und später korrigiert im Phil. Mag. Dezember-Heft 1899 und März-Heft 1903.

[(Zu S. 56 des Vortrags). Erste Messung der absoluten Ladung von Elektrizitätsträgern in Gasen. Die Ladung wurde — innerhalb der Genauigkeitsgrenze der Versuche — gleich der eines einwertigen Ions in den Elektrolyten gefunden, welche letztere schon lange aus den elektrochemischen Äquivalenten und den angenähert in absolutem Maße bekannten Atomgewichten berechenbar war.]

32. 1899 **P. Lenard**, „Erzeugung von Kathodenstrahlen durch ultraviolettes Licht". Sitz.-Ber. d. Kais. Akad. d. Wiss. in Wien v. 19. Oktober. — Wieder abgedruckt in den Ann. d. Phys. Bd. 2.

[(Zu S. 39—42 des Vortrags.) Es wird hier der Mechanismus der in 8 gefundenen, in 9 zuerst auf einfachste Form gebrachten lichtelektrischen Wirkung aufgedeckt. Auch hier strebten die Versuche das äußerste Erreichbare an in bezug auf Reinheit, Einwandfreiheit und einfache Verhältnisse, und sie waren nicht nur hierin, sondern auch überhaupt die ersten ihrer Art. Man gelangte dabei auch zuerst zur Möglichkeit, mit reinen Kathodenstrahlen von beliebiger, besonders sehr geringer Geschwindigkeit zu arbeiten, da nun, in der lichtelektrischen Wirkung, zum erstenmal eine auch im vollständigen Vakuum wirksame Erzeugungsart solcher Strahlen gefunden war (benutzt in

44 und dann in vielen weiteren Untersuchungen). Wichtig war auch, daß bei diesen lichtelektrisch erzeugten Kathodenstrahlen dasselbe Verhältnis von Ladung zu Masse gefunden wurde — innerhalb der Genauigkeitsgrenzen —, wie bei den Kathodenstrahlen der Entladungsröhre (28); es war dies, zusammen mit ZEEMANS Resultat (24), der dritte Fall der Feststellung desselben Verhältnisses und damit der Auffindung derselben Elektronen, welche — nach heute erreichter vielfacher Bestätigung — alle überhaupt vorhandenen negativen Elektrizitätsmengen aufbauen.]

33. 1900 **V. Bjerknes,** „Vorlesungen über hydrodynamische Fernkräfte nach C. A. BJERKNES Theorie".

[(Zu S. 36 des Vortrags.) Diese Theorie stellt sich dieselbe Aufgabe wie die HERTZsche Mechanik (20) und ist derselben in den ersten Anfängen zeitlich weit vorangegangen, versucht aber die Lösung vornehmlich auf dem beschränkteren Gebiete der elektrischen und magnetischen Erscheinungen. Das Ziel, die MAXWELLschen Gleichungen als Gleichungen der Mechanik darzustellen, hat indessen mit Hilfe eines kontinuierlich verbreitet angenommenen Äthers nicht befriedigend verwirklicht werden können, womit diese Untersuchungen von BJERKNES wohl in der Hauptsache das — allerdings sehr wesentliche — Verdienst haben, auf einen diskontinuierlich beschaffenen Äther hingewiesen und konkrete, zur Weiterentwicklung auch unseres Gegenstandes nützlich gewordene Vorstellungen geliefert zu haben (vgl. „Über Äther und Materie", Heidelberg 1911)].

34. **H. Becquerel,** „Contribution à l'étude du rayonnement du Radium" und „Déviation du rayonnement du Radium dans un champ electrique". Comptes Rend. der Pariser Akademie v. 29. Jan. bzw. 26. März.

[(Zu S. 45 des Vortrags). Erste gründliche Untersuchung der von H. BECQUEREL selbst entdeckten radioaktiven Strahlungen].

35. **P. Lenard,** „Über Wirkungen des ultravioletten Lichtes auf gasförmige Körper". Ann. d. Phys. Bd. 1. (Eingegangen 6. Febr.)

[(Zu S. 39, 43, 44 u. 58 des Vortrags.) Erster Nachweis, daß die lichtelektrische Wirkung (8, 11, 32) auch auf gasförmige Körper ausgeübt wird, wenn nur im Gase stark absorbierbares Licht vorhanden ist. Außerdem wird gezeigt, daß Sauerstoff durch Licht in Ozon verwandelt wird und daß dabei Nebelkerne im Gase entstehen. Die meteorologische Bedeutung dieser Lichtwirkungen wird sogleich hervorgehoben; die eingehendere Untersuchung erfolgte später (in 40 und in den in der Note 49 S. 44 des Vortrags erwähnten Veröffentlichungen.)]

36. **P.** und **M. Curie**, „Sur la charge électrique des rayons déviables du Radium“ Comptes Rend. der Pariser Akademie v. 5. März.

[(Zu S. 45 des Vortrags.) Erster Nachweis, daß die Strahlung von Radium im Gleichgewichtszustand, welche nach ihrer elektrischen und magnetischen Ablenkbarkeit Kathodenstrahlen enthält (34), durch feste Isolatorschichten hindurch negative Ladung transportiert, wie es für Kathodenstrahlen nachgewiesen war (28); dadurch — zusammen mit 41 — abschließende Feststellung, daß der im Magnetfeld nach der negativen Seite hin abgelenkte Teil der Strahlung des Radiums (β-Strahlung) Kathodenstrahlung ist.]

37. **P. Curie** und **G. Sagnac**, „Electrisation négative des rayons secondaires produits au moyen des rayons Röntgen“. Comptes Rend. der Pariser Akademie v. 9. April.

[(Zu S. 44 des Vortrags.) Nachweis — wie in der nahe gleichzeitigen Veröffentlichung 42 —, daß die von Röntgen entdeckten Strahlen lichtelektrische Wirkung ausüben, gleich ultraviolettem Licht.]

38. **E. Demarçay**, „Sur le Spectre du Radium“. Comptes Rend. der Pariser Akademie v. 25. Juli.

[(Zu S. 24 des Vortrags.) Nachweis eines besonderen Spektrums des Radiums; wichtig als Beweisstück für die Elementnatur dieses Körpers.]

39. **M. Curie**, „Sur le poids atomique du Baryum radifère“. Comptes Rend. der Pariser Akademie v. 6. August. — Auch: „Sur le poids atomique du Radium“. Ebendort 21. Juli 1902.

[(Zu S. 24 des Vortrags.) Erste Bestimmung des Atomgewichts des Radiums auf dem gewöhnlichen chemischen Wege mittels der Wage, nachdem zum erstenmal eine genügend große Menge des Chlorids rein dargestellt war. Wichtig als zweites Beweisstück — neben dem besonderen Spektrum (38) — für die Elementnatur dieses sonst, seinen Eigenschaften nach, von den früher bekannten Elementen abseits stehenden Körpers. Es war damit auch die Grundlage für die Einordnung sowohl des Radiums als auch seiner später studierten Zerfallsprodukte in das periodische System der Elemente gewonnen.]

40. **P. Lenard**, „Über die Elektrizitätszerstreuung in ultraviolett durchstrahlter Luft“. Ann. d. Phys. Bd. 3. (Eingegangen d. 17. August.)

[(Zu S. 43 u. 57, 58 des Vortrags). Eingehende Untersuchung der früher (35) gefundenen, als Elektrizitätsleitung sich äußernden lichtelektrischen Wirkung auf Luft. Es wird hier zum erstenmal eine für alle Fälle mit genügender Annäherung geltende Wanderungsgeschwindigkeitsformel für Elektrizitätsträger abgeleitet, welche erlaubt, aus gemessenen

Wanderungsgeschwindigkeiten die Größen der Träger abzuleiten. Es werden mittels dieser Formel die bisher schon gefundenen Eigentümlichkeiten der Wanderungsgeschwindigkeiten von Elektrizitätsträgern in Gasen in ihrer Abhängigkeit vom Druck und von der Natur des Gases erklärt, und es werden die Größen der durch ultraviolettes Licht in der Luft erzeugten Träger berechnet. Die positiven Träger werden dabei zum Teil sehr groß gefunden — von rund 100fachem Molekulardurchmesser — was den ersten, auf sicherer Grundlage berechneten Fall sehr großer, langsam wandernder Gasträger darstellt.]

41. **E. Dorn**, „Elektrostatische Ablenkung der Radiumstrahlen". Abh. der Naturf. Ges. zu Halle, Bd. 22.

[(Zu S. 45 des Vortrags.) Mit H. Becquerel (34) nahe gleichzeitig erbrachter einwandfreier Beweis von der Kathodenstrahlnatur eines Teiles der Strahlung von Radium im Gleichgewicht.]

42. **E. Dorn**, „Versuche über Sekundärstrahlen". Archives Néerlandaises des Sc., Harlem.

[(Zu S. 44 des Vortrags.) Nachweis, daß die von Röntgen entdeckten Strahlen lichtelektrische Wirkung ausüben, wie in der nahe gleichzeitigen Veröffentlichung 37.]

43. 1901 **W. Kaufmann**, „Die magnetische und elektrische Ablenkbarkeit der Becquerelstrahlen und die scheinbare Masse der Elektronen". Nachr. d. K. Ges. d. Wiss. zu Göttingen v. 8. November.

[(Zu S. 45 des Vortrags.) Erster Nachweis einer Abhängigkeit des Verhältnisses von Ladung zu Masse bei den Kathodenstrahlen von deren Geschwindigkeit (vgl. 30 und 55, sowie Anhang IIIb. S. 95).]

44. 1902 **P. Lenard**, „Über die lichtelektrische Wirkung". Ann. d. Phys. Bd. 8. (Eingegangen 17. März.)

[(Zu S. 33, 41, 42 und 55 des Vortrags). Erste eingehende Untersuchung der lichtelektrischen Wirkung als durch Licht erzeugter Kathodenstrahlung (32), die jetzt auch auf dem Phosphoreszenzschirm unmittelbar sichtbar gemacht werden konnte. Es werden die Anfangsgeschwindigkeiten der lichtelektrischen Elektronen gemessen, und es zeigt sich, daß die Ausstrahlung derselben diffus ist und daß eine besondere Geschwindigkeitsverteilung besteht, die je nach Stoff und Lichtart verschieden, aber von der Intensität des Lichtes unabhängig ist. Gesteigerte Lichtintensität läßt nur die Menge der emittierten Elektronen steigen und zwar ihr proportional. Dieses besonders bemerkenswerte Resultat hat später durch die Einführung der Lichtquanten (Planck 1901) seine heute gültige Erklärung gefunden (Einstein 1905), mit welcher auch die Tatsache übereinstimmt, daß nur sehr kräftige Lichtabsorption mit lichtelektrischer Wirkung verknüpft ist (LENARD u. RAMSAUER 1911). Es war dadurch zugleich eine neue Stütze der Lichtquantenvorstellung gewonnen, die sich hier zum ersten Male auf einem anderen Gebiete bewährt haben, als woher sie genommen waren. Es werden hier auch zuerst innere und äußere Geschwindigkeiten der Elektronen unterschieden und ihre Differenz, die Abtrennungs- und Austrittsarbeit untersucht, und es wird das heute allgemein gebrauchte Voltmaß für Elektronengeschwindigkeiten eingeführt. Außerdem werden hier auch zuerst freie Weglängen langsamer Elektronen in Gasen untersucht, und es werden die ersten einwandfreien Messungen von Trägerbildungsspannungen ausgeführt (rund 11 Volt für die gewöhnlichen Gase), deren Resultate und Methoden noch heute in Anwendung sind, wenn auch unter Hinzufügung von Verfeinerungen. Es findet sich in dieser Abhandlung auch die Beobachtung, daß zwei einander entgegengesetzt laufende Kathodenstrahlen ohne jede merkliche gegenseitige Störung einander durchdringen können, was als direkter Nachweis der außerordentlichen Kleinheit der Elektronen betrachtet werden kann.]

45. **P. Lenard**, „Über die Elektrizitätsleitung in Flammen". Ann. d. Phys. Bd. 9. (Eingegangen 18. August)

[(Zu S. 58 des Vortrags.) Es wird in den metallhaltigen Flammen die Wanderung der positiven Träger, die sich als Metallatome erweisen, zum erstenmal unmittelbar sichtbar und dadurch auch leicht meßbar gemacht. Die Metallatome zeigen sich dabei als nur zeitweilig positiv geladen — in Abwechslung mit dem neutralen Zustand — was später sein Analogon in den Ladungswechseln der Kanalstrahlmoleküle gefunden hat. Die negative Elektrizität wandert, wie hier mittels der in 40 abgeleiteten Wanderungsgeschwindigkeitsformel zum erstenmal gezeigt wird, in Gestalt freier Elektronen (während man bis dahin stets OH-Ionen annahm).]

46. 1903 **P. Lenard**, „Über die Beobachtung langsamer Kathodenstrahlen mit Hilfe der Phosphoreszenz und über Sekundärentstehung von Kathodenstrahlen". Ann. d. Phys. Bd. 12. (Eingegangen 28. Juni.)

[(Zu S. 33, 39, 41, 48, 55—57 des Vortrags.) Es werden hier die lichtelektrisch erzeugten Kathodenstrahlen (32, 44) zum erstenmal unmittelbar, mit Anwendung des Phosphoreszenzschirmes untersucht. Um quantitativ verfahren zu können, wird die Abhängigkeit der Intensität des Phosphoreszenzlichtes von der Intensität und Geschwindigkeit der dasselbe erregenden Kathodenstrahlen ermittelt, wobei auch die nahe vollkommene Energieumsetzung bei Phosphoreszenzerregung mit langsamen Kathodenstrahlen sich ergibt. Die so begründete Beobachtungsmethode wird benutzt, um eingehend die Ausbreitung der langsamen Strahlen in Gasen zu studieren, wobei die Sekundärstrahlung gefunden wird als eine von primären Kathodenstrahlen aus Atomen ausgelöste Kathodenstrahlung von verhältnismäßig sehr geringer Geschwindigkeit. Es wird zum erstenmal, wenn auch nur in großen Zügen, das auch heute noch gültige Bild von der Abhängigkeit der Menge der Sekundärstrahlung von der Geschwindigkeit der Primärstrahlung entworfen. Auch wird die elektrische Leitfähigkeit, welche Gase unter dem Einfluß von Kathodenstrahlen annehmen (18; 27), auf die Sekundärstrahlung zurückgeführt, und es wird dieser Vorgang, welcher den Schlüssel zum Verständnis des Mechanismus der elektrischen Gasentladung überhaupt lieferte, durch direkte Beobachtung verfolgt.]

47 **P. Lenard**, „Über die Absorption von Kathodenstrahlen verschiedener Geschwindigkeit". Ann. d. Phys. Bd. 12. (Eingegangen 30. Juli.)

[(Zu S. 23 und 47—52 des Vortrags.) Es wird hier die Absorption von Kathodenstrahlen in der Materie in ihrer Abhängigkeit von der Strahlgeschwindigkeit studiert und zwar zum erstenmal im ganzen Bereiche von kleinsten bis zu größten Geschwindigkeiten, nachdem bereits früher (21) die Geschwindigkeit in kleinem Bereiche variiert worden war. Es werden dadurch Aufschlüsse gewonnen über die im Innern und in der Umgebung der Atome der Materie herrschenden elektromagnetischen Kraftfelder, über die Raumerfüllung der Materie überhaupt und über die mögliche räumliche Ausdehnung der positiven und negativen Elementarquanten als Atombestandteilen, die hier zum erstenmal beide für sehr klein erklärt werden. Zugleich wird diejenige besondere Vorstellung über die Konstitution der Materie entwickelt, die bis heute noch in weiterer Ausbildung begriffen ist, nämlich der Aufbau der Atome aus einander umkreisenden, an sich sehr kleinen elektrischen Elementarquanten. Je ein Paar der Quanten, das — eben wegen der fast verschwindenden Kleinheit dieser Kraftzentren — in der Hauptsache ein elektromagnetisches Kraftfeld darstellt, wird eine Dynamide genannt. Rutherford hat später dieser Vorstellung noch die Besonderheit der Konzentration der positiven Quanten des Atoms in einem „Kern" hinzugefügt, was aber die Auffassung des Atomaufbaus aus Dynamiden, die neuerdings auch wieder mehr in den Vordergrund tritt, nicht hindert, nur daß — wie bereits in 47 hervorgehoben wird — die

Momente der einzelnen Dynamiden der Atome von verschiedener Größe sein können, wie es den Abweichungen von der Massenproportionalität der Absorption (21) entspricht.]

48. **E. Warburg,** „Über die Ozonisierung des Sauerstoffs durch stille elektrische Entladungen". Sitz.-Ber. d. Berliner Akademie v. 11. November.

[(Zu S. 44 des Vortrags.) Anfang einer Reihe von Arbeiten, in welchen photochemische Wirkungen, insbesondere auch die Ozonbildung durch Licht (35) eingehend untersucht werden.]

49. 1904 **P. Lenard,** „Über sekundäre Kathodenstrahlung in gasförmigen und festen Körpern". Ann. d. Phys. Bd. 15. (Eingegangen 22. August.)

[(Zu S. 43 und 55, 56 des Vortrags.) Weitere erste reine Beobachtungen über Sekundärstrahlung, in Fortsetzung von 46. Die Strahlung wird hier unmittelbar auf Phosphoreszenzschirmen beobachtet, und es wird gezeigt, daß sie unabhängig vom Aggregatzustand besteht.]

50. **P. Lenard** und **V. Klatt,** „Über die Erdalkaliphosphore". Ann. d. Phys. Bd. 15. (Eingegangen 22. August.) Im Auszug auch in den Math. u. Naturw. Ber. aus Ungarn Bd. 22.

[(Zu S. 44 des Vortrags.) Enthält nach sehr eingehender Untersuchung der Phosphore die ersten Angaben über den Mechanismus der Phosphoreszenz, der dann in einer Reihe späterer Arbeiten weitergehend untersucht wird. Die Phosphoreszenz- (und Fluoreszenz-) Erregung besteht danach im Entweichen von Elektronen aus den wirksamen Atomen der Phosphoreszenzzentren, und die Phosphoreszenz selber, das Leuchten, erfolgt bei der Rückkehr dieser Elektronen. Das Entweichen kann durch lichtelektrische Wirkung stattfinden (Erregung durch Licht), aber auch durch Sekundärstrahlung (Erregung durch Kathodenstrahlen). Die Rückkehr eines Elektrons von außen her zu seinem Atom wird in den weiteren Arbeiten ganz allgemein als Ursache von Leuchterregung — nicht nur bei der Phosphoreszenz und Fluoreszenz — erkannt, — eine Anschauung, die später auch von der mehr theoretischen Seite der Atommodelle her zur Geltung kam.]

51. **E. Rutherford,** „Slow Transformation Products of Radium". Phil. Mag. Ser. 6. Vol. 8. (Erschienen im November-Heft).

[(Zu S. 24 und 45 des Vortrags). In der seit 1902 schnell folgenden Reihe von Arbeiten Rutherfords, in welchen die radioaktiven Erscheinungen als Atomumwandlungen erklärt werden, ist diese Arbeit in gewissem Sinne abschießend; sie ist durch die nunmehr im Beispiel des Radiums erreichte Vollständigkeit in der Verfolgung der

Atomumwandlungen dieses Elements durchaus überzeugend für die Richtigkeit der Annahme vom Atomzerfall überhaupt.]

52. 1905. **A. Becker,** „Messungen an Kathodenstrahlen". Ann. d. Phys. Bd. 17. (Als Habilitationsschrift der Kieler Philos. Fak. vorgelegt am 1. März.)

[(Zu S. 23 und 38 des Vortrags.) Enthält außer den ersten wirklich verfeinerten Messungen über Absorption der Kathodenstrahlen auch die erste brauchbare Untersuchung über die sogenannte Reflexion der Kathodenstrahlen, indem dieselbe von der (in 49 untersuchten) Sekundärstrahlung getrennt gemessen und als Volumeffekt (Rückdiffusion) gezeigt wird; — außerdem den ersten einwandfreien und genügend genauen Nachweis, daß das ganze Kathodengefälle für die Geschwindigkeit der Kathodenstrahlen bei deren Erzeugung maßgebend ist, daß somit die Strahlen an der Kathodenoberfläche selbst und nicht in deren Umgebung entstehen.]

53. **P. Lenard,** „Über die Lichtemissionen der Alkalimetalldämpfe und Salze und über die Zentren dieser Emissionen". Ann. d. Phys. Bd. 17. (Eingegangen 13. April.)

[(Zu S. 37 und 57, 58 des Vortrags.) Enthält auch den Nachweis, daß die Elektrizitätsleitung in Flammen nicht als elektrolytisch aufzufassen sei, und die Einführung der Nähewirkung als Elektronenbefreiungsursache.]

54. **F. Himstedt** und **G. Meyer,** „Über die Bildung von Helium aus der Radiumemanation". Ber. d. Naturf. Ges. Freiburg i. B. vom Mai. Auch Ann. d. Phys. Bd. 17.

[(Zu S. 24 und 45 des Vortrags.) Erster einwandfreier Nachweis der Entstehung von Helium aus Radium und damit der Umwandlung eines durch Spektrum und Atomgewicht (38, 39) wohldefinierten Elementes in ein anderes ebensolches. Ramsays vorhergegangene Versuche können nicht als genügend rein angesehen werden, um eine so grundlegende und durch jahrhundertelange, in entgegengesetzte Richtung weisende Erfahrung längst fast schon für praktisch widerlegt genommene Behauptung, wie die solcher Umwandlung, auf sie zu stützen. Nahegelegt war die Möglichkeit der Umwandlung allerdings schon durch Rutherfords umfassende Untersuchungen über die radioaktiven Umwandlungen überhaupt (51), auf welche Ramsay sich stützen konnte, bei welchen aber die neu entstehenden, zur Zerfallsreihe gehörigen Produkte nicht den Charakter stabiler, im bisherigen Sinne wohldefinierter Elemente hatten, wie das Helium.]

55. 1906 **W. Kaufmann**, „Über die Konstitution des Elektrons". Ann. d. Phys. Bd. 19. (Eingegangen 3. Januar.)

[(Zu S. 35 und 36 des Vortrags.) Erste eingehende und mit erheblicher Feinheit durchgeführte Experimentaluntersuchung über die Abhängigkeit der Beschleunigung (Masse) des Elektrons von seiner Geschwindigkeit (vgl. 43).

Es ist nicht uninteressant, aus dem Literaturverzeichnis zu sehen, wie der hier behandelte Gegenstand fast plötzlich, im Laufe der Jahre 1887—1894 [und besonders im letzteren Jahre], zum Felde reicher und erfolgreicher Tätigkeit geworden ist. Die vorausgegangenen Jahre zeigen — abgesehen von [Guerickes] Faradays und Maxwells grundlegenden Arbeiten [womit die Einführung der Luftpumpe und die Entdeckung der Induktion mit ihren theoretischen und praktischen Folgen gemeint ist] — nur vereinzelte und bis dahin isoliert gebliebene Vorboten solcher Tätigkeit [deren deutlichste wohl Hittorf, Crookes und Hertz waren], die dann folgenden Jahre unvermindert ergiebige Fortsetzung derselben, [was auch bis heute noch gilt.]

VWV

FSC
www.fsc.org
MIX
Papier | Fördert gute Waldnutzung
FSC® C083411

Zeitfracht Medien GmbH
Ferdinand-Jühlke-Straße 7
99095 Erfurt, Deutschland
produktsicherheit@kolibri360.de